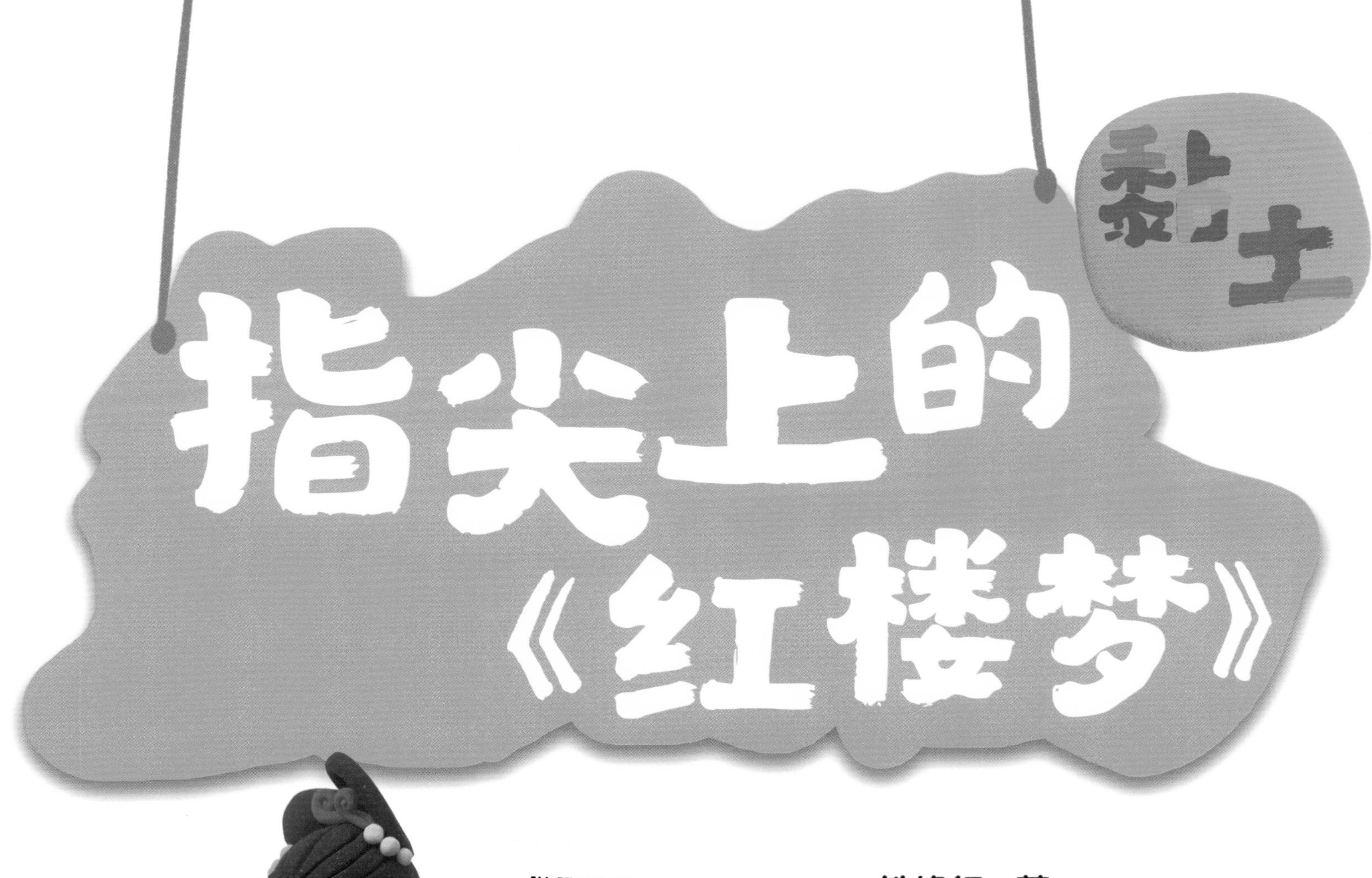

铁艳红 著

浙江古籍出版社
Zhejiang Ancient Books Publishing House

前　言

Foreword

同学们，“指尖上的四大名著”终于和你们见面啦！

相信同学们对《三国演义》《水浒传》《西游记》《红楼梦》早已耳熟能详。它们给了我们传统文化的熏陶，文学艺术的启蒙，人生哲理的感悟……书中塑造了一个个鲜活人物，如神通广大的孙悟空、倒拔杨柳的鲁智深、足智多谋的诸葛亮，还有那天上掉下的“林妹妹”……现在，请大家动动灵巧的十指，让生动的人物形象诞生在你的指尖！

这套“指尖上的四大名著”系列图书，是教大家用超轻黏土亲手塑造自己喜爱的四大名著人物。超轻黏土是一种新型环保手工造型材料，无毒无害，质地轻柔，富有弹性，色彩丰富，容易手捏成型，风干后可长时间保存。为了让大家快速上手，在正式开始塑造人物之前，我们还为大家准备了超轻黏土造型的基础知识。只要大家按照书上的步骤操作，一定能做出自己喜爱的人物，体验制作的无穷乐趣，感受、欣赏并运用这一艺术形式。

同学们，准备好了吗？让我们一起走进这色彩斑斓的神奇世界，让指尖出彩，让经典诞生！

目录

CONTENTS

第一章 基础知识

1 黏土的特点 ………… 2

2 黏土的调色 ………… 3

3 工具的介绍 ………… 4

4 支架的使用 ………… 5

5 基本形状 ………… 7

第二章 贾宝玉与金陵十二钗

1 贾宝玉 ……………… 10

2 贾惜春 ……………… 20

3 贾迎春 ……………… 27

4 贾元春 ……………… 34

5 李纨 ………………… 41
6 林黛玉 ……………… 47
7 巧姐 ………………… 54
8 秦可卿 ……………… 61

9 王熙凤 ………… 66
10 薛宝钗 ………… 72
11 贾探春 ………… 80
12 妙玉 …………… 87
13 史湘云 ………… 93

第一章

基础知识

黏土的特点

1、质地柔软

黏土重量轻，质地柔软，可以方便做出各种造型。

2、颜色丰富

黏土颜色多样，色彩鲜艳，还可以自由搭配，不同颜色的黏土通过揉合可以制出更丰富的颜色。

3、可自然风干

黏土作品在常温下可以快速风干，不需加热或烘烤，风干后水分基本流失，重量会变轻又不容易变形。

4、黏土作品容易保存

黏土作品风干后，在避水、防尘、不用力掰的前提下，可以长期保存。

5、可与其他材质相结合

黏土与金属、纸张、木头、泡沫等材质都有极佳的密合度，包容性强。

6、表面可绘制

黏土作品定型后，可以在作品表面绘制各种图案，可用丙烯、水彩上色，也可用中性笔、马克笔等装饰。

黏土的调色

三原色调色

红色 + 黄色 = 橙色　　红色 + 蓝色 = 紫色　　黄色 + 蓝色 = 绿色

纯度明度调色

通过添加白色来提高明度，降低纯度，白色越多，颜色越浅

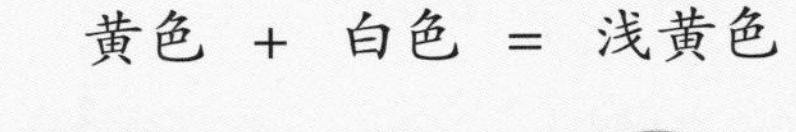
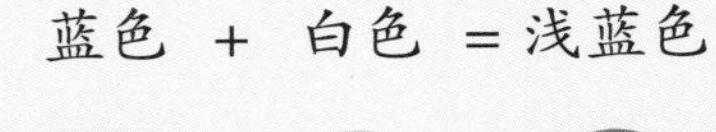

红色 + 白色 = 粉红色　　黄色 + 白色 = 浅黄色　　蓝色 + 白色 = 浅蓝色

橙色 + 白色 = 浅橙色　　绿色 + 白色 = 浅绿色　　黑色 + 白色 = 灰色

通过添加黑色来降低纯度和明度，注意黑色用量不能太多

红色 + 黑色 = 深红色　　黄色 + 黑色 = 橄榄绿　　蓝色 + 黑色 = 深蓝色

橙色 + 黑色 = 褐色　　绿色 + 黑色 = 深绿色

同学们还可以尝试不同颜色混合，调出自己喜欢的颜色哦！

工具的介绍

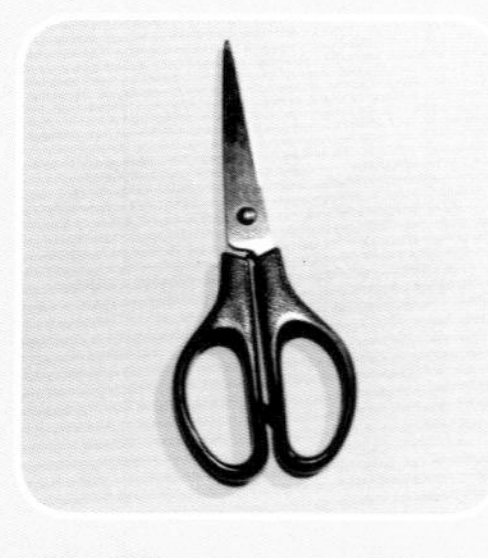

大剪刀：剪切整体。

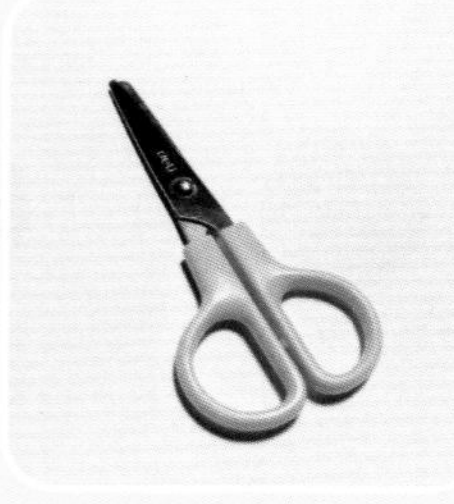

小剪刀：剪切细节。

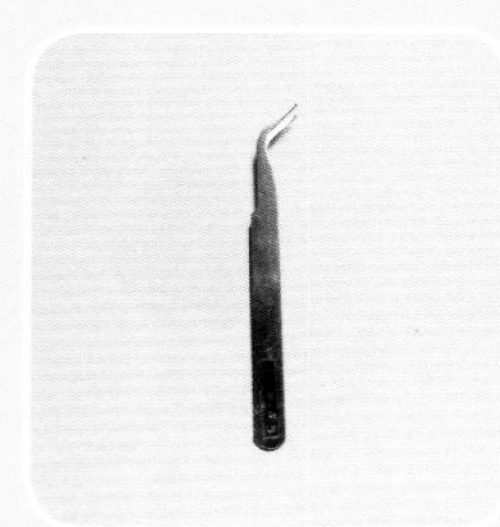

镊子：夹起小物件及制作肌理效果。

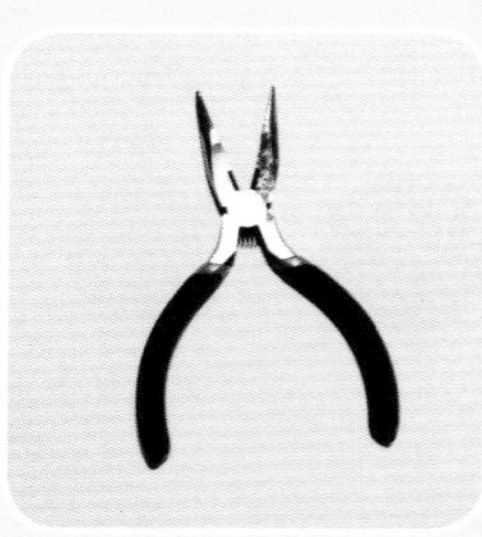

尖嘴钳：钳断铝丝或拗铝丝造型。

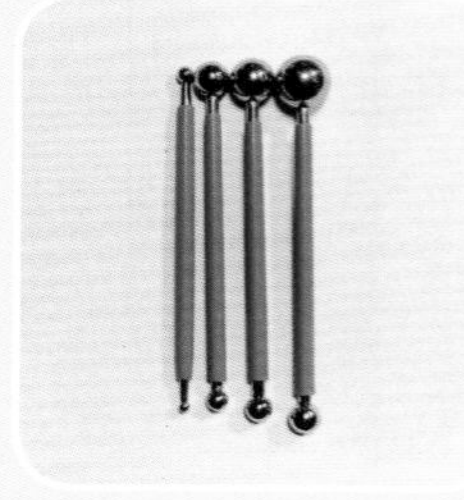

圆头工具组：可戳大、小洞，也可用于按压轮廓。

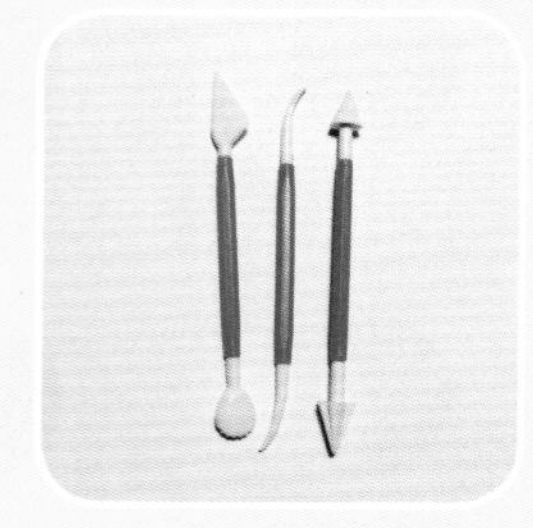

黏土工具组：用于黏土作品的基本制作。

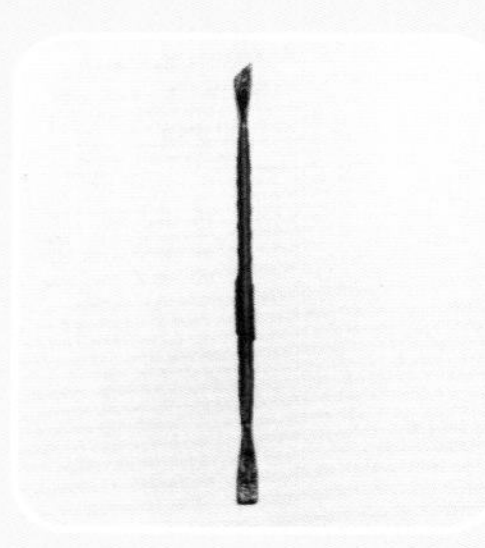

刻刀：切割细节。

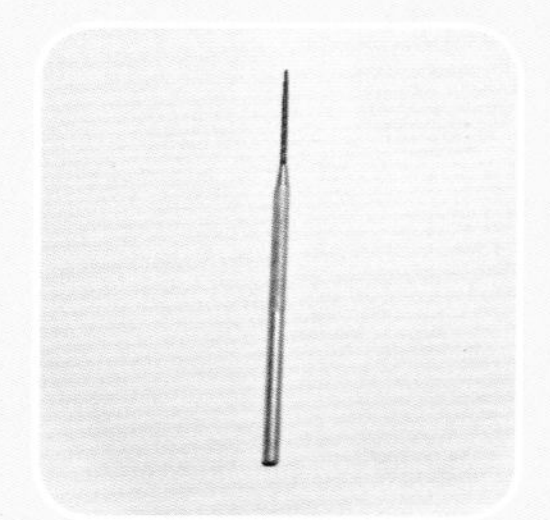

针形工具：制作细节。

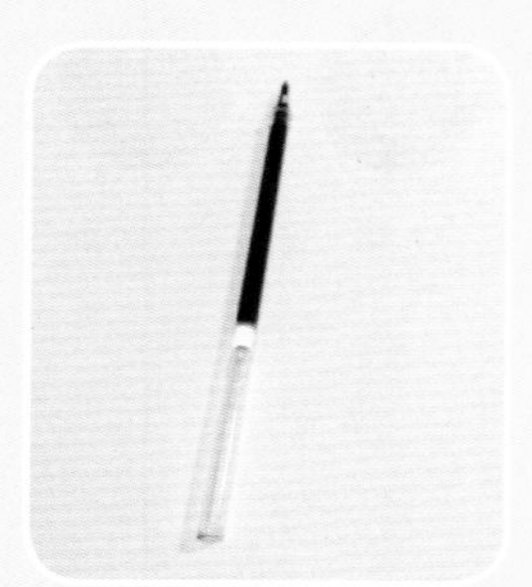

笔芯：制作圆圈的肌理效果。

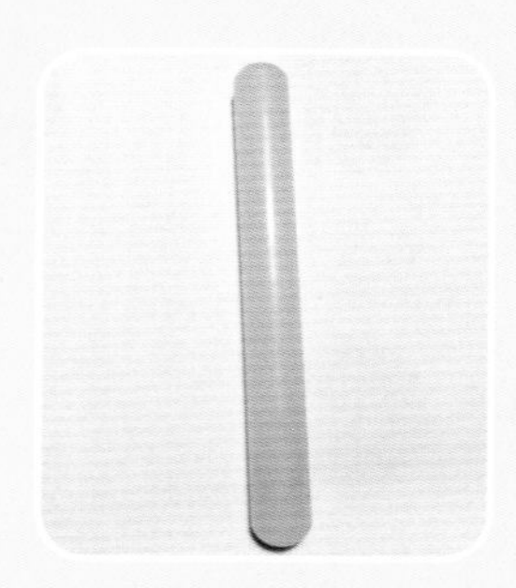

黏土棒：擀出厚度均匀的黏土片。

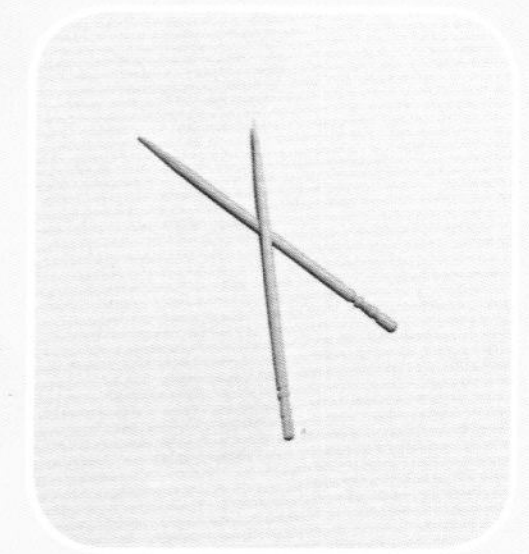

牙签：固定、支撑、连接黏土作品。

铝丝：做骨架专用。

支架的使用

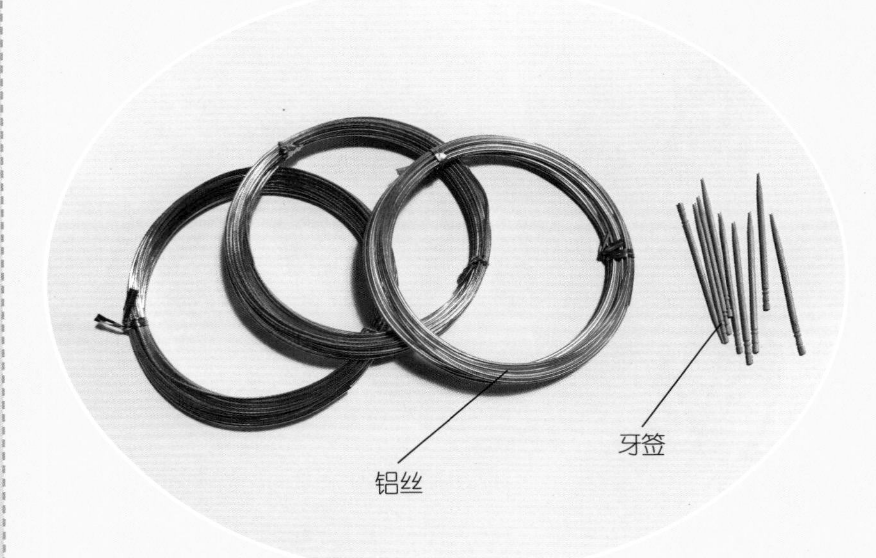

支架的作用：

用来支撑固定黏土作品。我们制作黏土作品时，有时要将两个部分接合起来，需用支架来连接；制作一些较细的部分时也需用支架来固定，避免折断。

举例：

①用来固定身体、连接身体和头部。

②用来固定工具和其他道具的造型，可以直接使用或者外面包裹黏土使用。

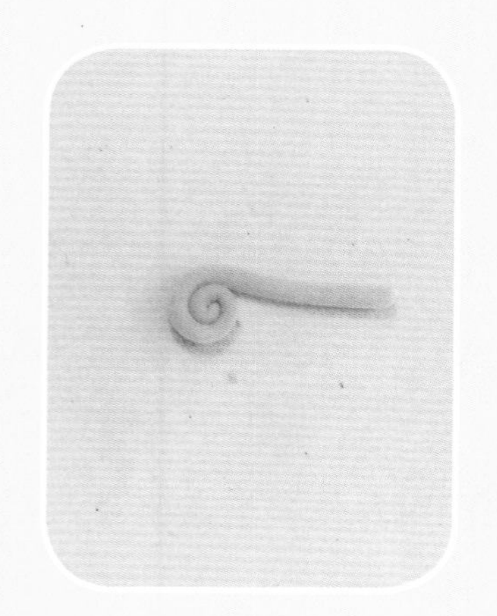

③用来固定头饰。

基本形状

1. 圆球状：将黏土放入手掌心，反复搓揉，使黏土受力均匀。

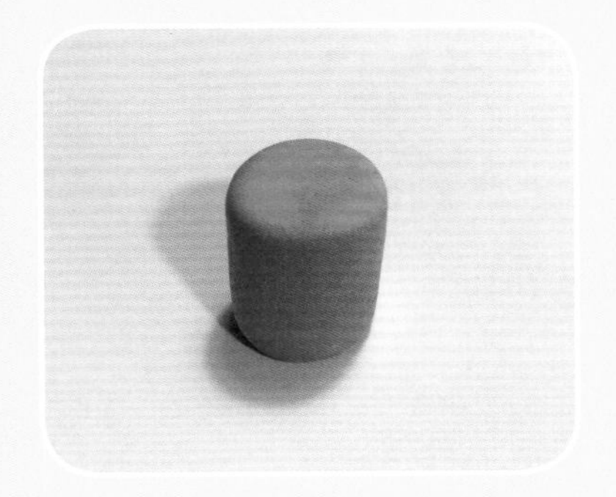

2. 圆柱体：先将黏土揉成圆球状，再用双手反复搓揉，上下平面用食指和大拇指按平，调整成需要比例即可。

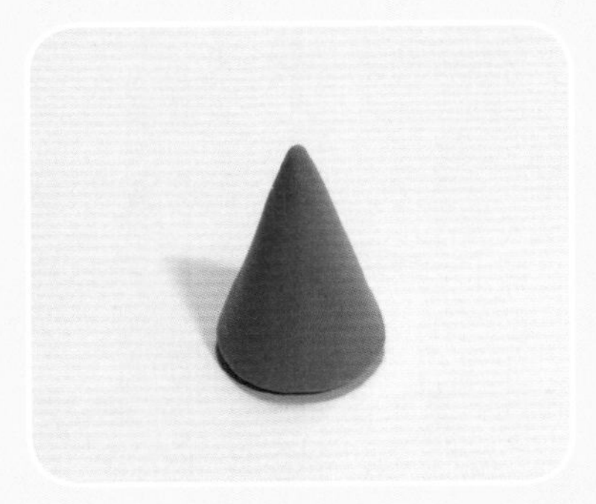

3. 锥形：先将黏土捏成圆柱体，再将一头搓细即可。

4. 立体方形：先将黏土捏成圆柱体，再用双手的食指和大拇指将柱体部分捏出四个面，根据需要的比例来调整造型。

5. 立体梯形：先将黏土捏成立体方形，再将平行的两个面略微按压，最后有两个平面呈梯形。

6. 立体三角形：先将黏土揉成圆球状，用手掌压出上下两个面，再用双手的食指和大拇指捏出立体三角形的另外三个面。

7. 长条形：先将黏土揉成圆球状，将它放在平整桌面上，用一只手掌在桌上来回搓揉，注意用力均匀，根据具体情况调整长短和粗细。

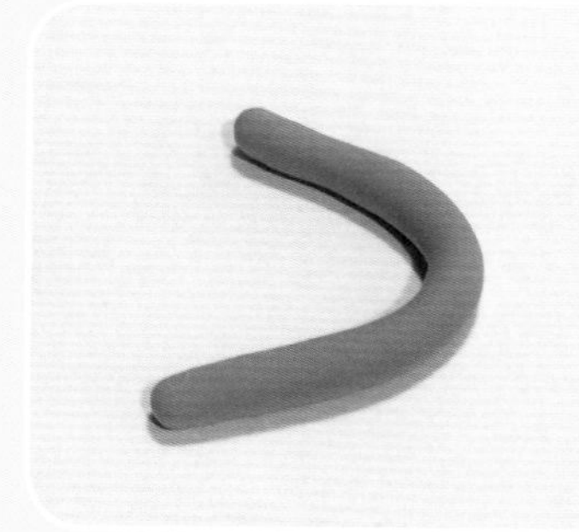

8. 扁平状：将黏土揉成圆球状或者根据需要搓出大致造型，将其放在平整桌面上，用手掌按压，必要时可用黏土棒来擀，最后视需要用工具进行调整或者切割。

第二章

贾宝玉与金陵十二钗

1

贾宝玉

面若中秋之月，
色如春晓之花，
鬓若刀裁，
眉如墨画，
面如桃瓣，
目若秋波。

头 部

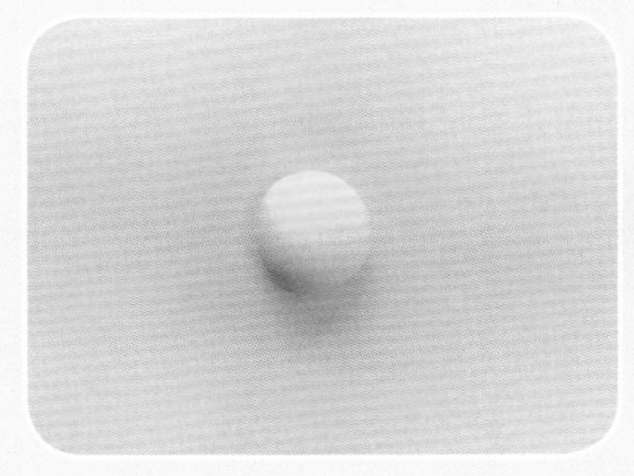

① 揉一个肤色黏土球用手指稍稍压扁。

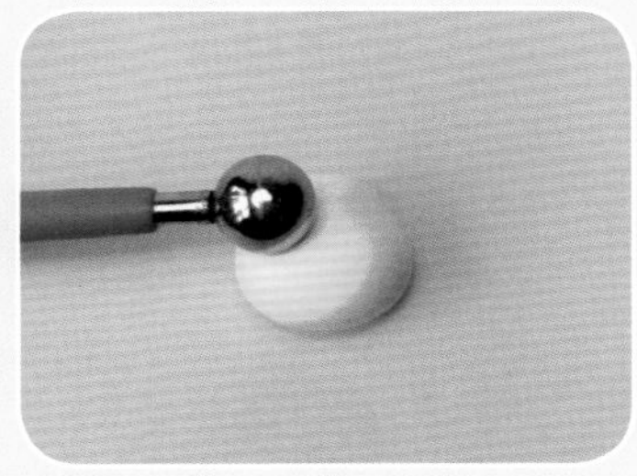

② 用圆头工具在黏土球中间偏上的位置的压出眼窝。

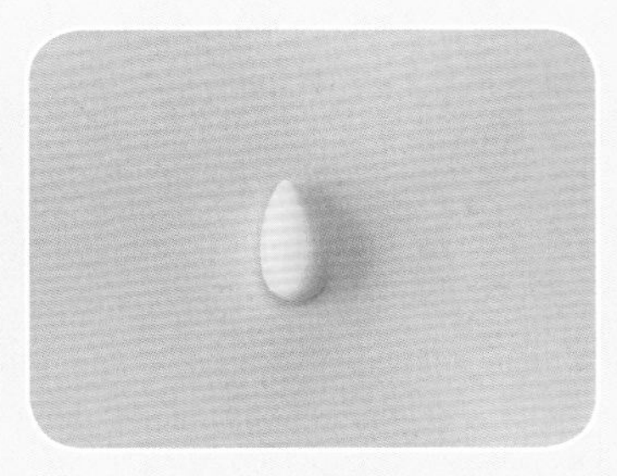

③ 取肤色黏土搓成水滴状做鼻子。

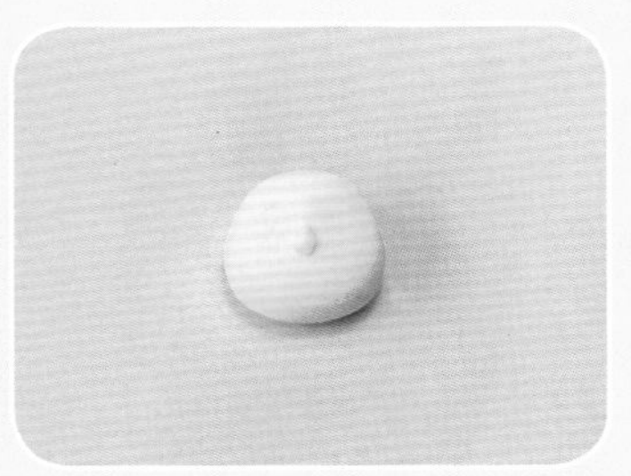

④ 将鼻子粘贴在脸部的中间。

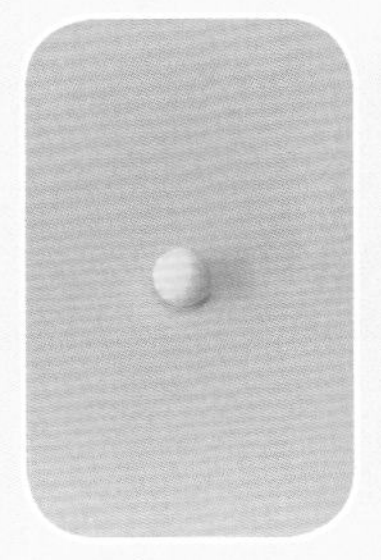

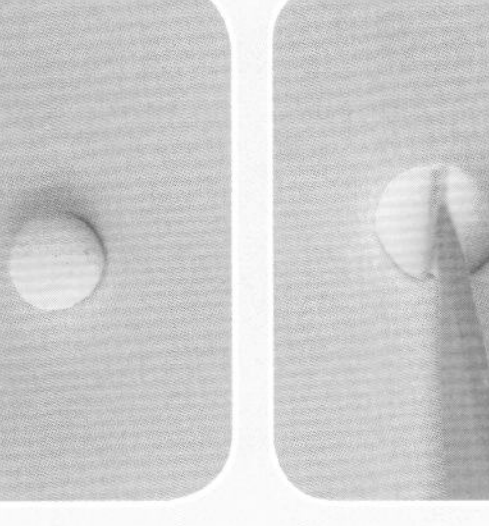

⑤ 取少许肤色黏土，揉成黏土球，并轻压成圆片。

⑥ 用刀形工具将黏土片从中间切成两个半圆形片。

⑦ 把半圆形片粘贴在头的两侧，做耳朵。

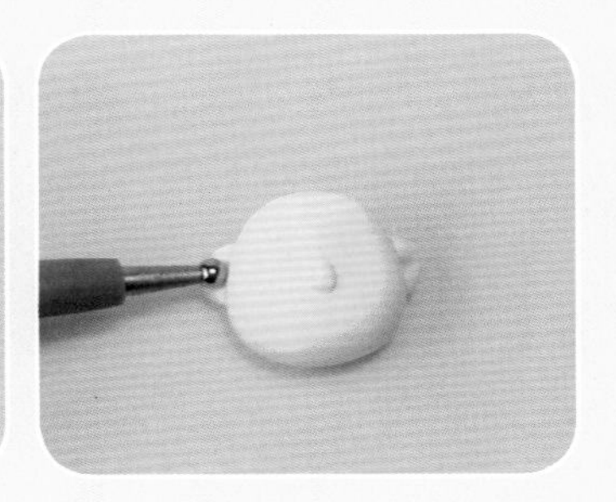

⑧ 用圆头工具在耳朵上轻轻压一下，做耳朵的轮廓。

⑨ 取黑色黏土，压成黏土片。

⑩ 将做好的黑色黏土片包裹在后脑勺处，做头发。

⑪ 用刀形工具在头发上划出发丝的纹理。

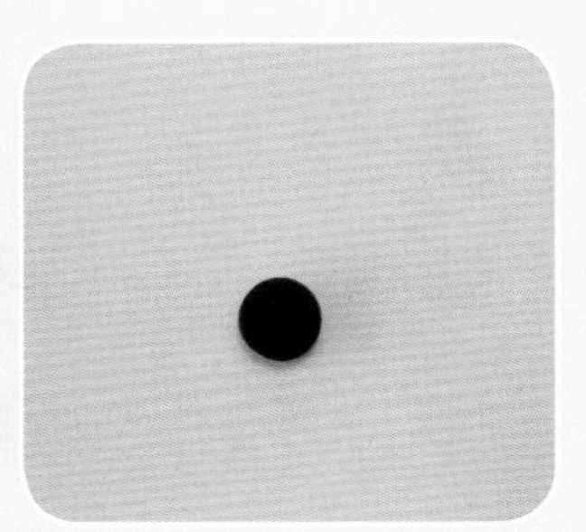

⑫ 取少量黑色黏土揉成小黏土球。

头 部

⑬ 将做好的小黏土球粘贴在头顶，做成发髻。

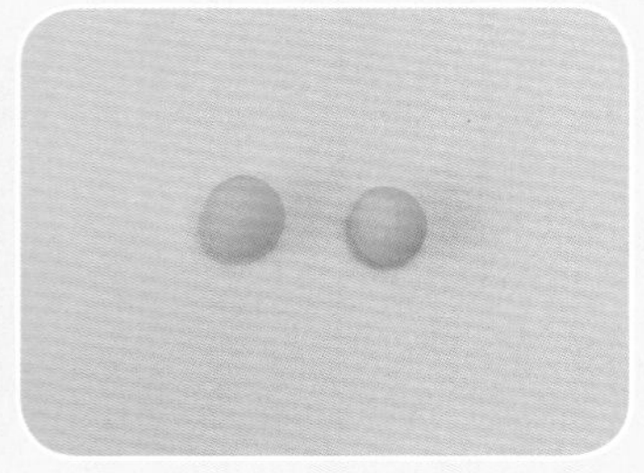

⑭ 取少量的黄色黏土，揉成两个黏土球。

⑮ 把黄色黏土球压扁成圆片。

⑯ 将做好的黄色圆片粘贴在发髻的两侧。

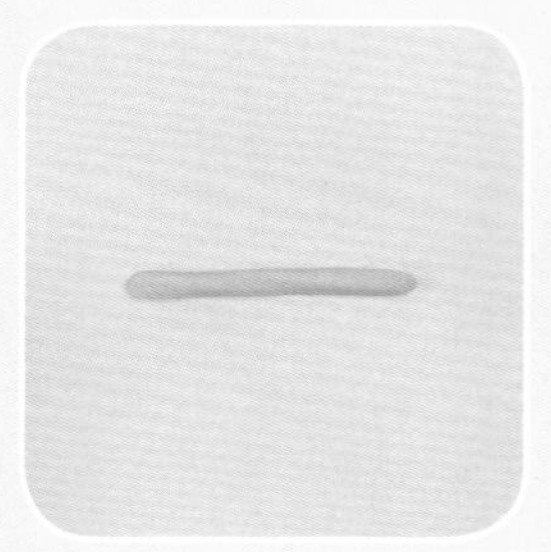

⑰ 再取黄色黏土，搓成黏土条。

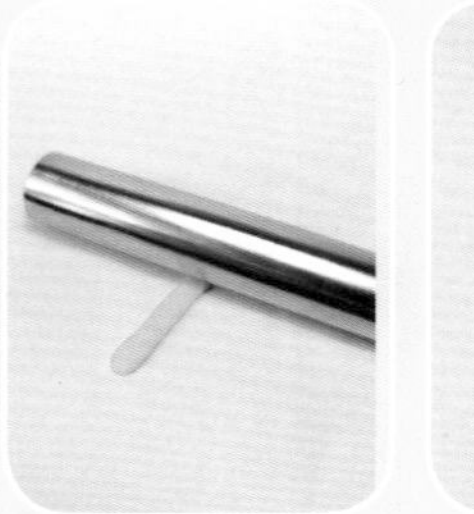

⑱ 用擀泥棒将黏土条压扁。

⑲ 将黄色黏土片围着发髻粘贴一圈，做发冠。

⑳ 取红色黏土和少量白色黏土，揉成一大一小的黏土球。

㉑ 将做好的两个黏土球粘贴在发冠上，做成发冠的装饰。

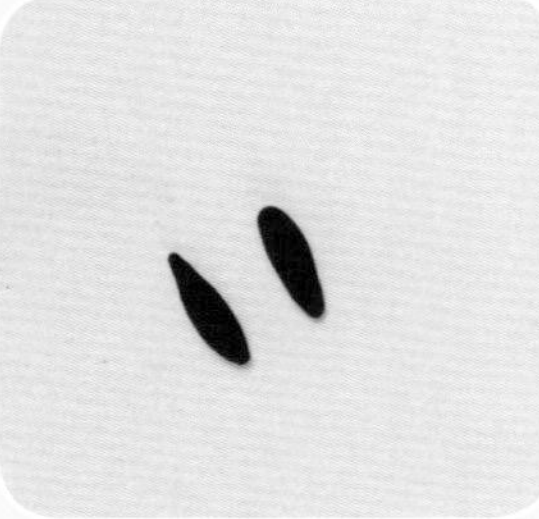

㉒ 取少量黑色黏土，分成两等份，搓成水滴形。

㉓ 将做好的水滴形黏土粘贴在眼眶上，做成眉毛。

㉔ 再揉两个黑色黏土球。

头 部

25 将黑色黏土球粘贴在眼眶的位置，做眼睛。

26 取少许红色黏土，搓成两头尖的梭形，弯曲成月牙形。

27 将做好的月牙形黏土粘贴在鼻子的下方，做嘴巴。

28 取粉色黏土，揉两个小黏土球，压扁后粘贴在脸颊两侧，做腮红。

29 黑色黏土少许，捏成梭形并压扁。

30 用刀形工具划出竖条纹理，做刘海。

31 将做好的刘海粘贴在额头处。

32 取少许黑色黏土，搓成两根尖头黏土条。

33 将做好的两根黏土条粘贴在鬓角，做鬓发。

头部

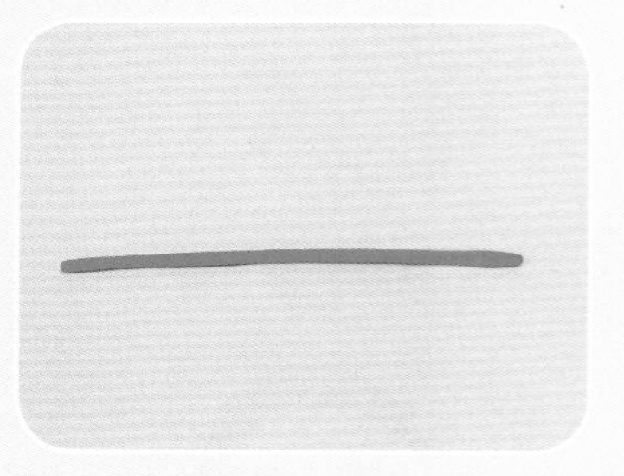

34 取红色黏土，搓成长黏土条。

35 将红色黏土条沿着脑袋粘贴，做发冠带。

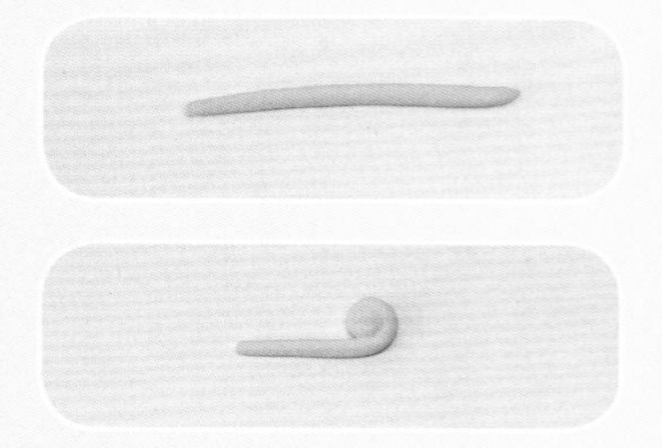

36 取黄色黏土少许，搓成黏土条，将黏土条的一端卷起来，做发簪。

37 用刀形工具将做好的发簪从中间截断。

38 把发簪分别粘在发冠的两侧，头做好啦！

身体

1 取白色黏土，捏成锥形。

2 用刀形工具的刀背在锥形表面划出竖纹。

3 取红色黏土揉成圆球。

4 将两个红色黏土球粘贴在衣摆底部，并露出一部分做鞋子。做好的下半身放在一边待用。

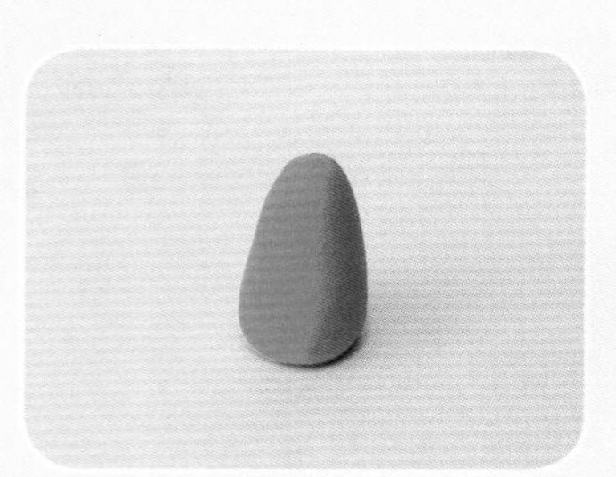

5 取大量红色黏土，捏成锥形，做上半身。

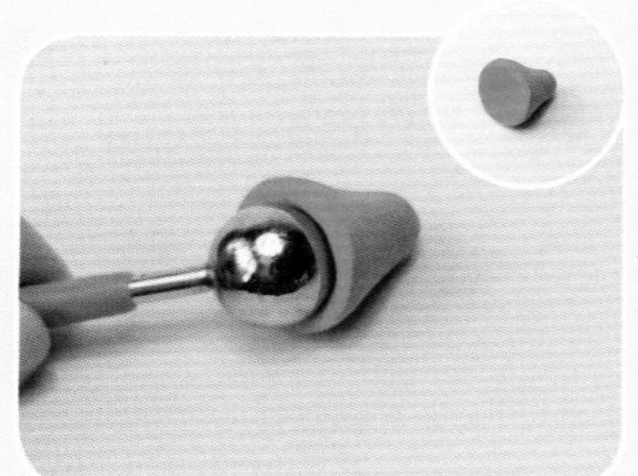

6 用圆头工具在锥形底部压出凹陷，做喇叭状衣摆。

身 体

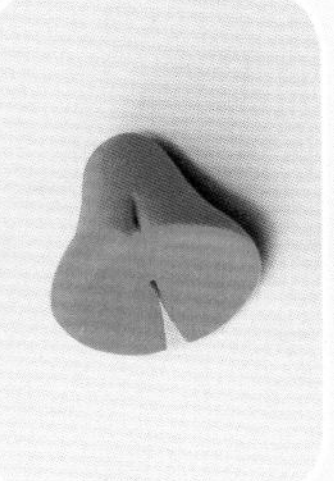

⑦ 用剪刀在衣摆的两侧各剪一刀，分开前后衣摆。

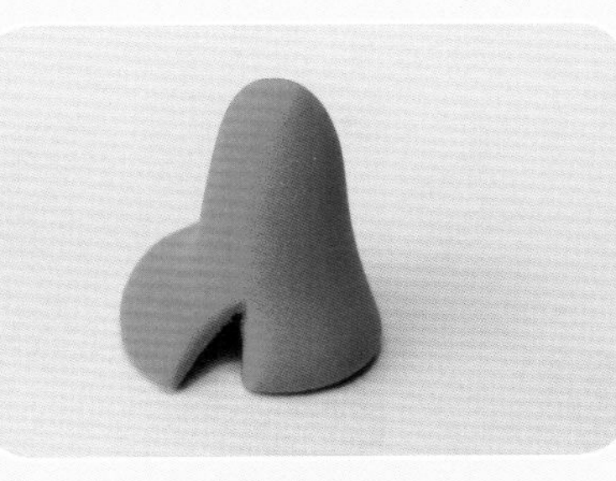

⑧ 用手把前摆捏成圆弧状。

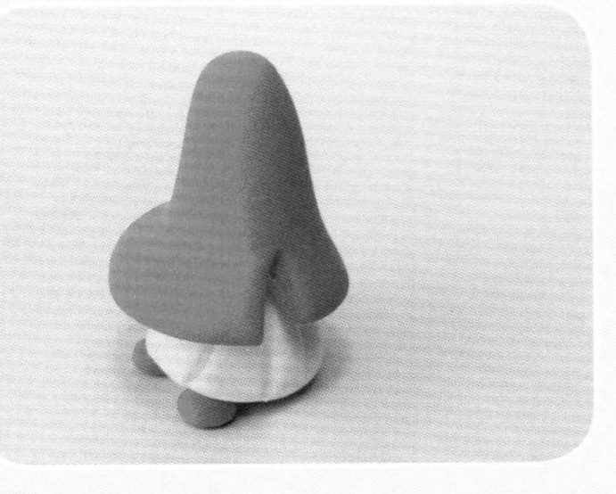

⑨ 将做好的上衣和下半身粘贴。

⑩ 取白色黏土揉成球。

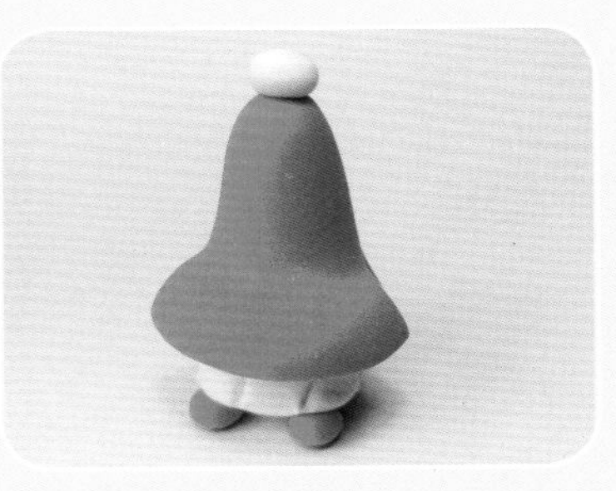

⑪ 将白色黏土球粘贴在上衣顶端。

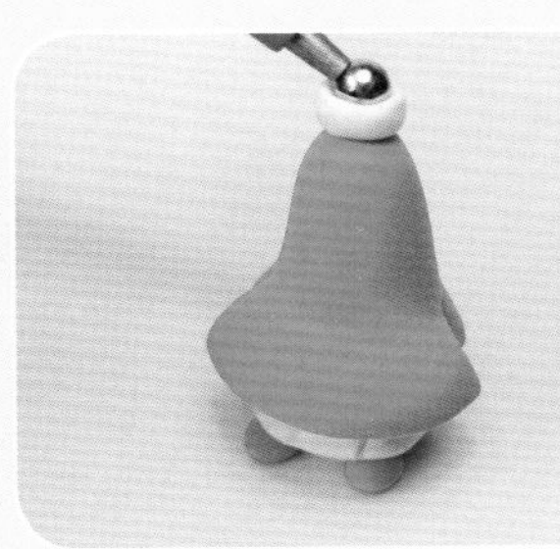

⑫ 用圆头工具轻压圆球，压出凹陷，做衣领。

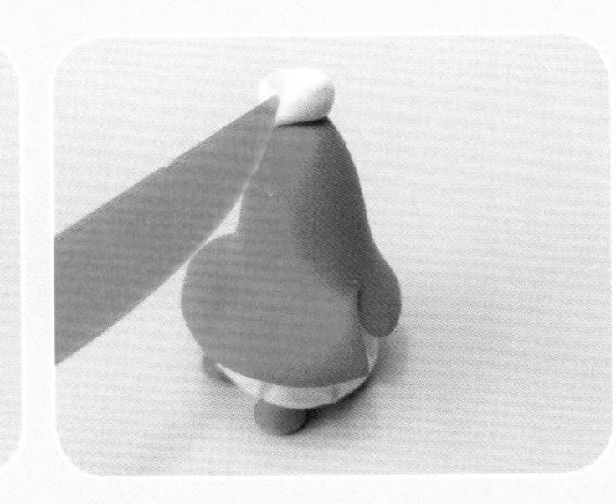

⑬ 用刀形工具在衣领处向下划开，并适当调整造型。

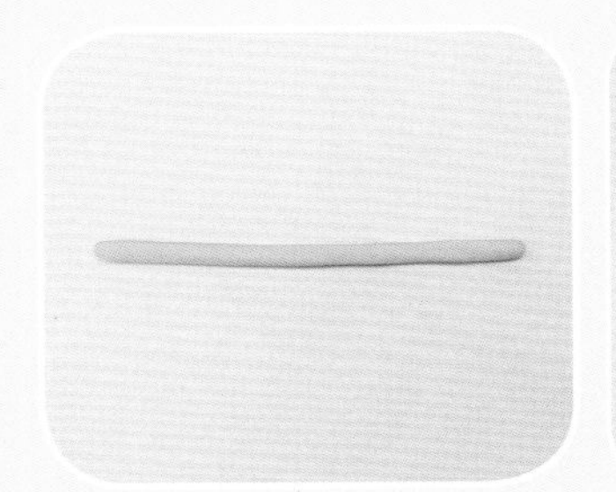

⑭ 取少量黄色黏土搓成黏土条。

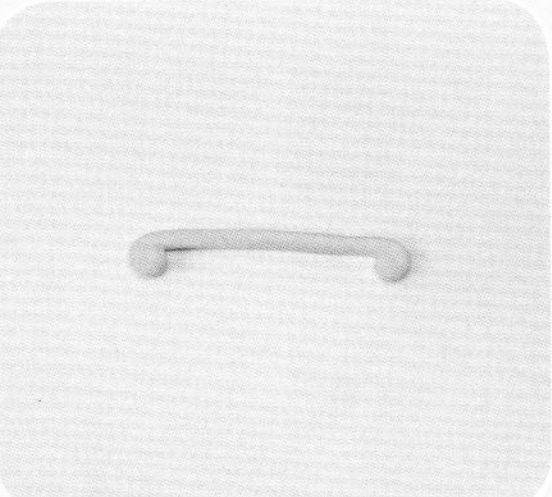

⑮ 将黏土条的两头向内卷起，做衣服的装饰。

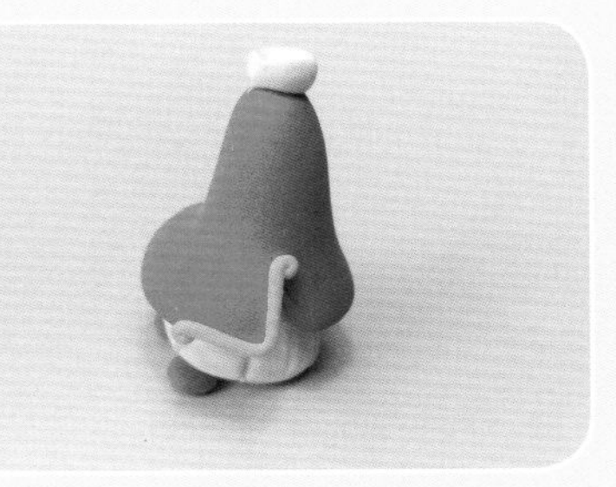

⑯ 将做好的装饰粘贴在衣摆的衣角。

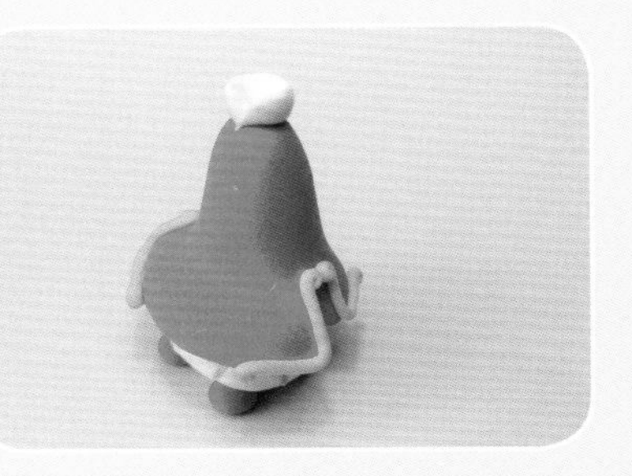

⑰ 重复上述步骤，装饰另外三处衣角。

身体

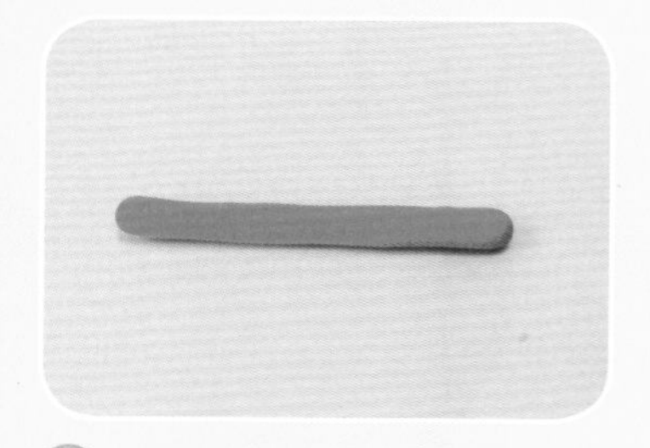

18 取红色黏土，搓成黏土条。

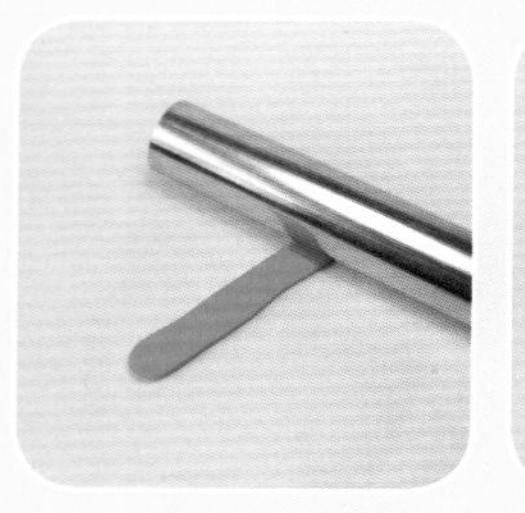

19 用擀泥棒将黏土条压成长条泥片。

20 将做好的长条泥片围在上衣中间的位置，做衣服的腰带。

21 取少量黑色黏土，搓两根细黏土条。

22 将做好的细黏土条围着腰带的两边粘贴。

23 取少量白色和浅绿色黏土揉成球。

24 先将白色黏土球压扁，并粘贴在腰带中间。

25 再将浅绿色黏土球粘贴在白色小圆片上，做腰带装饰。

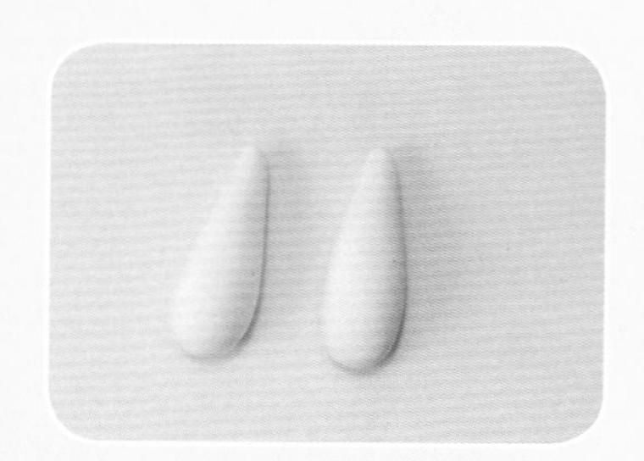

26 搓两根白色水滴状黏土条做手臂。

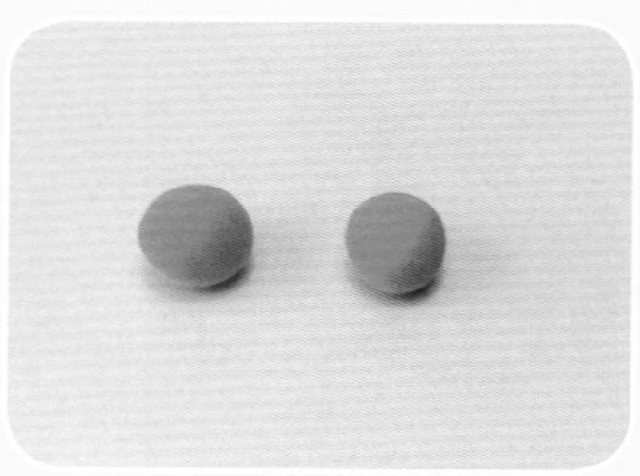

27 取红色黏土，揉两个黏土球。

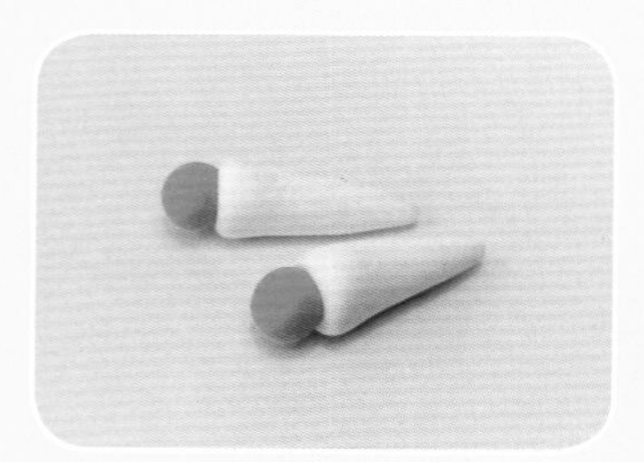

28 将黏土球粘贴在手臂上，做束袖。

29 用圆头工具在束袖处轻轻压出凹陷。

身　体

30 取少量黄色黏土，揉成两个黏土球。

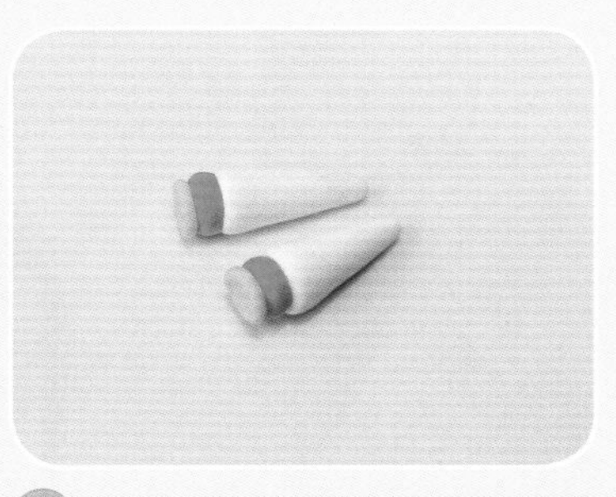

31 将黄色黏土球粘贴在束袖的凹陷处，并压扁，做束袖边缘的装饰。

32 取肤色黏土，揉两个黏土球。

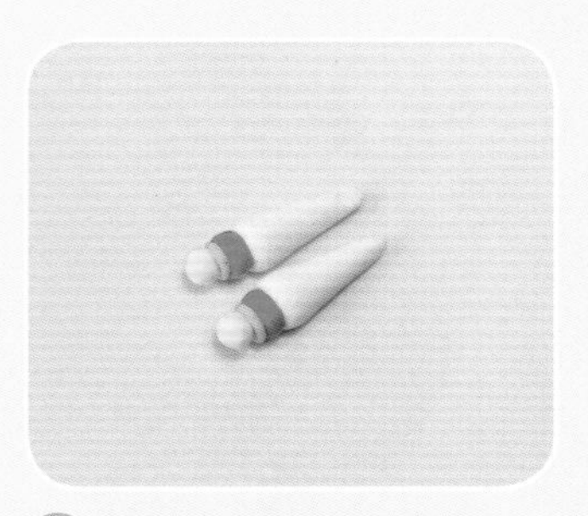

33 将肤色小球粘贴在袖口，做手。

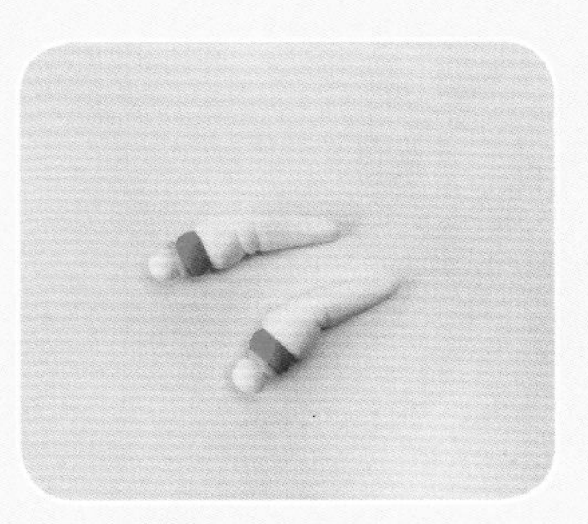

34 将做好的两条手臂弯折，调整角度。

35 把手臂粘贴在身体两侧，并调整角度。

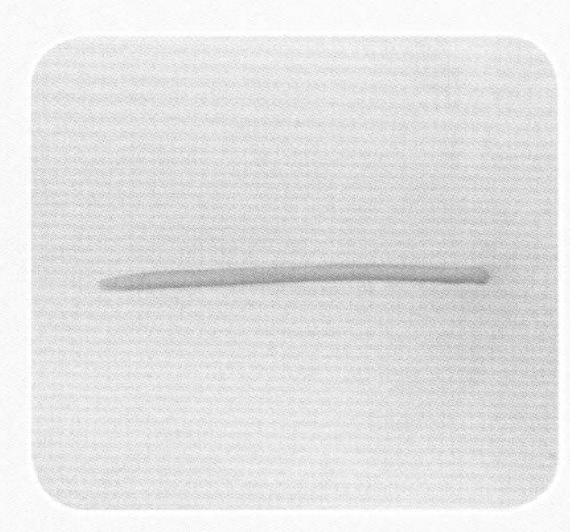

36 将黄色黏土条两头微微卷起，做长命锁的链子。

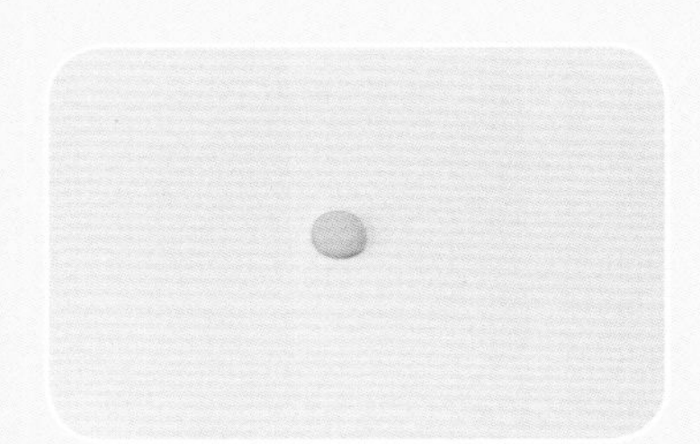

37 揉一个黄色黏土球，并压扁。

38 再准备黄色水滴状黏土，粘贴在黄色小圆片边缘，做长命锁。

身 体

39 将做好的长命锁粘贴在脖颈处。

40 取一段铁丝，插入脖子，露出另一端用于固定头部。

41 将做好的头固定在脖颈处，调整角度。

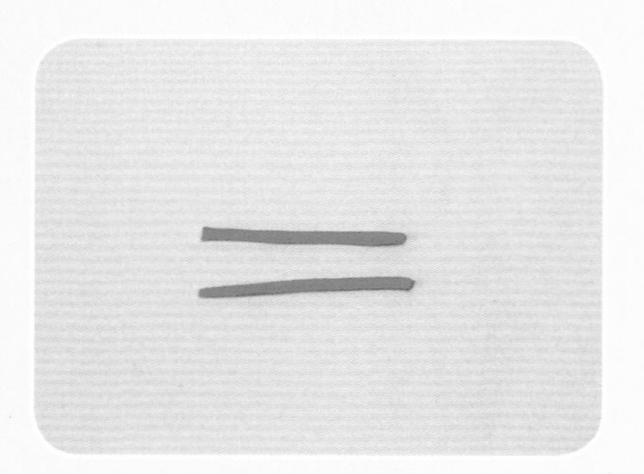

42 搓红色细黏土条。

43 将黏土条的两头粘贴起来，做两个水滴状的系带结。

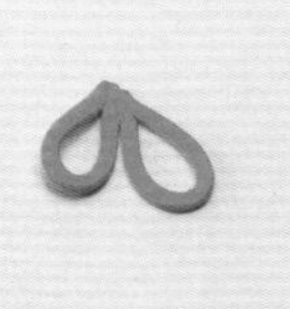

44 把两个做好的系带结组合在一起做成一个完整的绳结。

组 合

1 将做好的绳结粘贴在发冠带子的底端。

2 取粉色黏土，揉成若干大小不同的圆球。

3 把圆球都压扁，做成花瓣。

4 将做好的花瓣粘贴在衣服上。完工啦！

2 贾惜春

身量未足，形容尚小。

头 部

① 揉一个肤色黏土球用手指稍稍压扁。

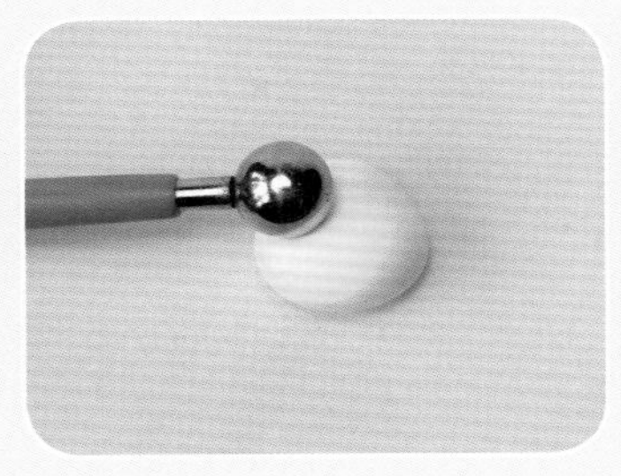

② 用圆头工具在黏土球中间偏上的位置压出眼窝。

③ 搓肤色水滴状黏土做鼻子。

④ 将鼻子粘贴在脸部的中间。

⑤ 取少许肤色黏土球，并轻压成圆片。

⑥ 用刀形工具将黏土片从中间切成两个半圆形片。

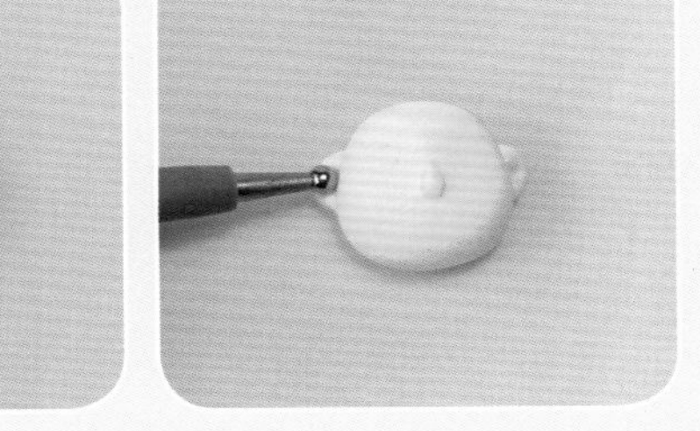

⑦ 把半圆形片粘贴在头的两侧，做耳朵。再用圆头工具在耳朵上轻轻压一下，做耳朵的轮廓。

⑧ 取黑色黏土，轻压成稍厚的黏土片。

⑨ 将黑色黏土片包裹在后脑勺处，做头发。

⑩ 用刀形工具在头发上划出发丝的纹理。

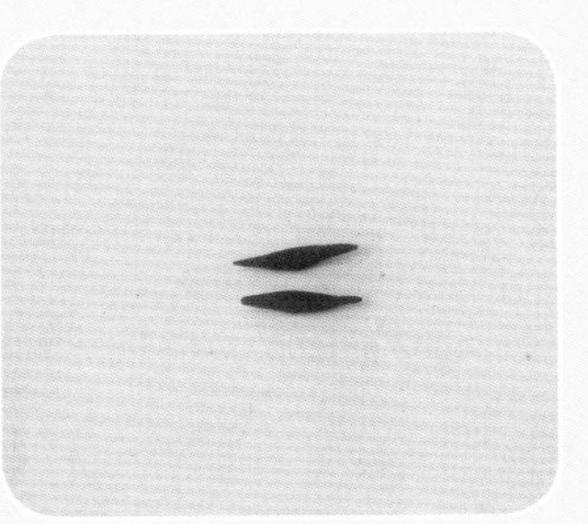

⑪ 搓两根梭形黑色黏土条。

头 部

⑫ 将做好的梭形黏土条粘贴在眉弓处，做眉毛。

⑬ 再揉两个黑色黏土球。

⑭ 将黏土球粘贴在眼窝处做眼睛。

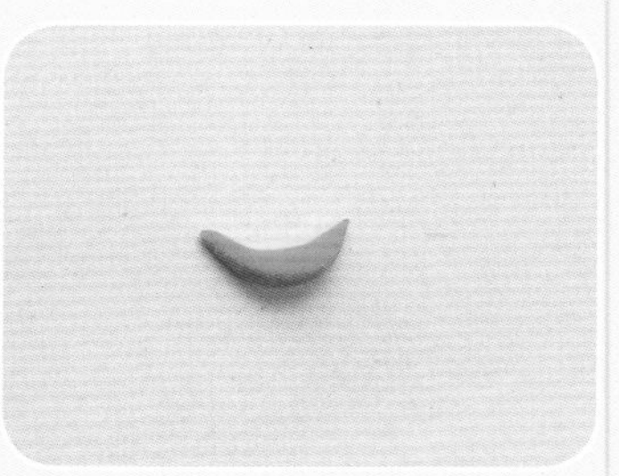

⑮ 取少许红色黏土搓成梭形后弯成月牙状。

⑯ 将月牙状黏土粘贴在鼻子下方做嘴巴。

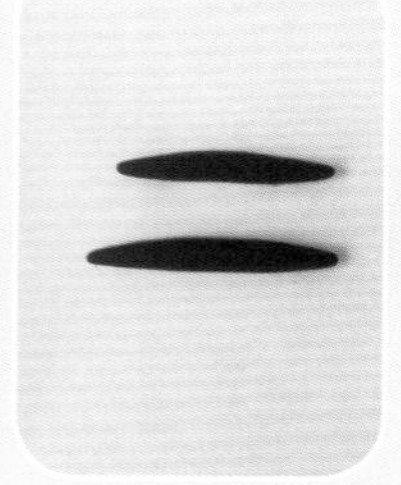

⑰ 搓两根黑色黏土条。

⑱ 将黏土条的两端粘贴，做两个水滴状造型的发髻。

⑲ 将做好的发髻粘贴在头上。

⑳ 取少许黑色黏土，搓成梭形，并压扁做刘海。

㉑ 用刀形工具在刘海上划出发丝的纹理。

㉒ 将做好的刘海粘贴在额头前。

㉓ 搓两根黑色黏土条，做鬓发。

㉔ 将做好的鬓发粘贴在两鬓，做好的头部放在一边待干。

身 体

① 取白色黏土，捏成锥形。

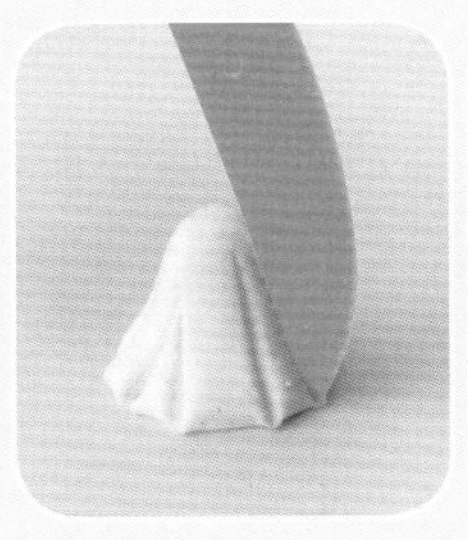

② 用刀形工具的刀背在锥形表面压出裙摆的褶皱。

③ 取浅紫色黏土，捏成锥形。

④ 用圆头工具在锥形底部压出凹陷，做上衣。

⑤ 将上衣粘贴在裙摆上。

⑥ 准备一个白色黏土球。

⑦ 将做好的圆球粘贴在上衣的顶端。

⑧ 用圆头工具轻压圆球，压出凹陷，做衣领。

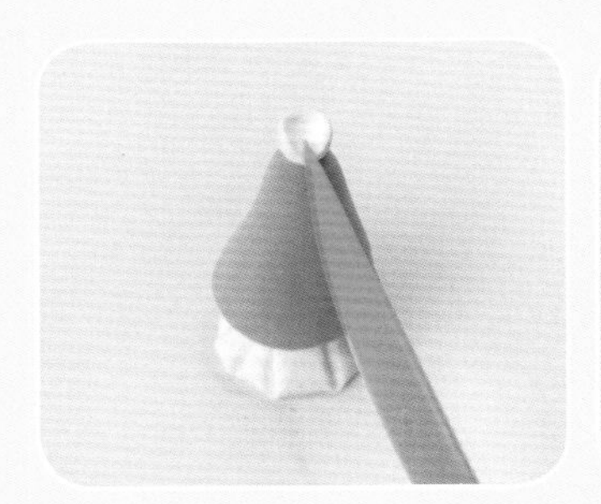

⑨ 用刀形工具将衣领的其中一边向下划开，并调整衣领造型。

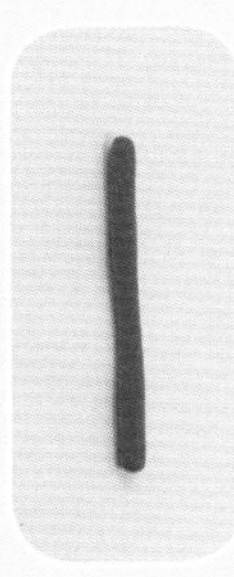

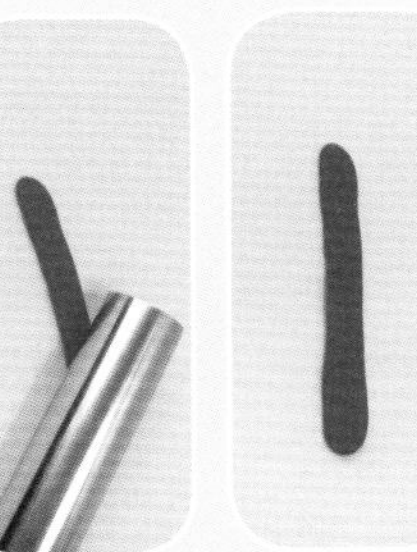

⑩ 搓紫色黏土条，用擀泥棒压成长条形黏土片。

⑪ 将紫色长条形黏土片围在脖子处，做成交领。

身 体

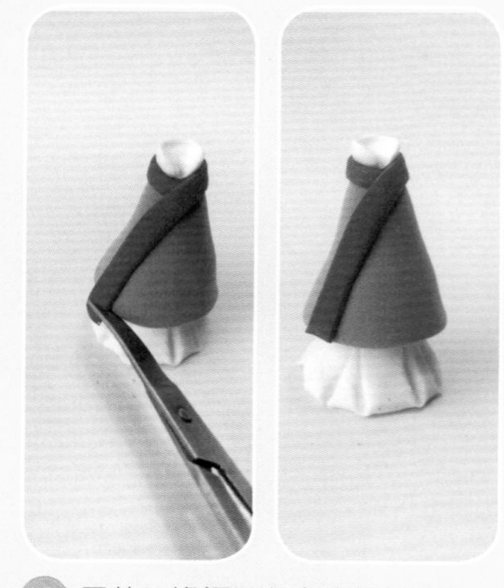

⑫ 用剪刀将领子多余的部分剪去。

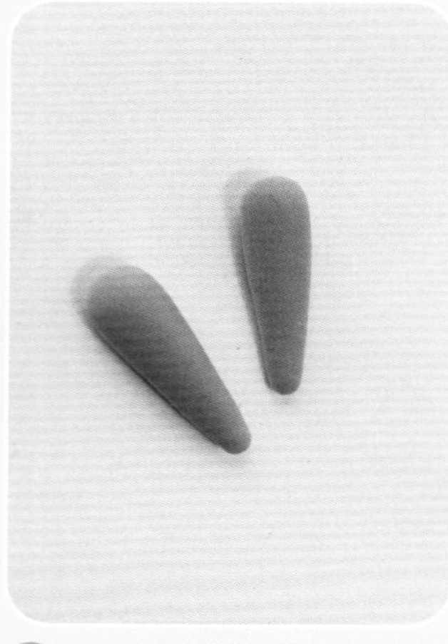

⑬ 取浅紫色黏土，搓两根相同的水滴状黏土条。

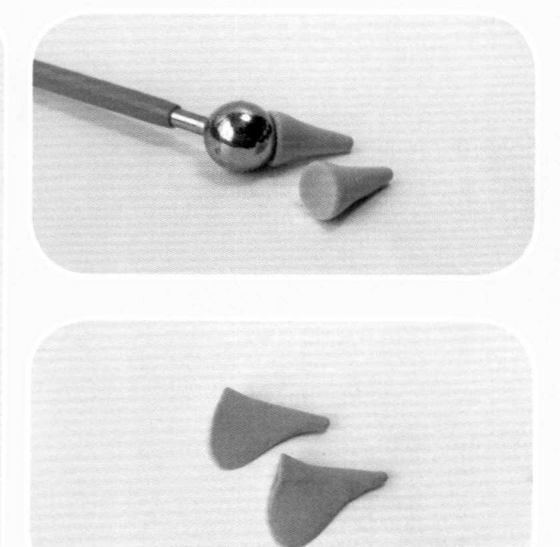

⑭ 用圆头工具将黏土条底部压凹，做手臂。将手臂的一端压扁做袖摆。

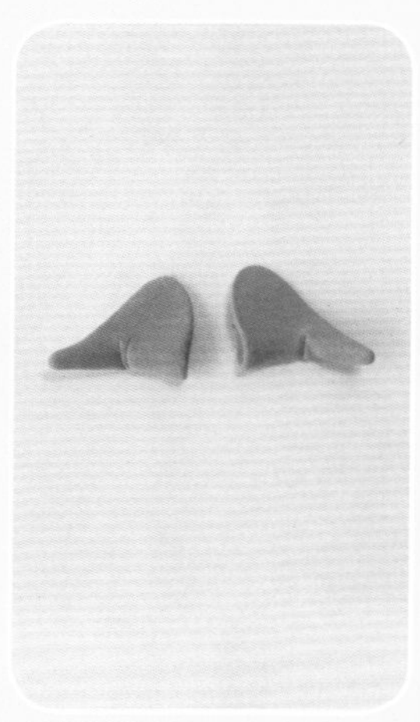

⑮ 将做好的手臂弯折并调整角度。

⑯ 将手臂粘贴在人物身体两侧，并调整好角度。

⑰ 揉一个肤色黏土球。

⑱ 将肤色黏土球粘贴在衣领处做脖子。

⑲ 揉两个肤色小黏土球粘贴在衣袖口，做手。

组 合

① 取一段铁丝插入脖颈，用于固定头部和身体。

② 将已干的头部固定在脖子上，并调整角度。

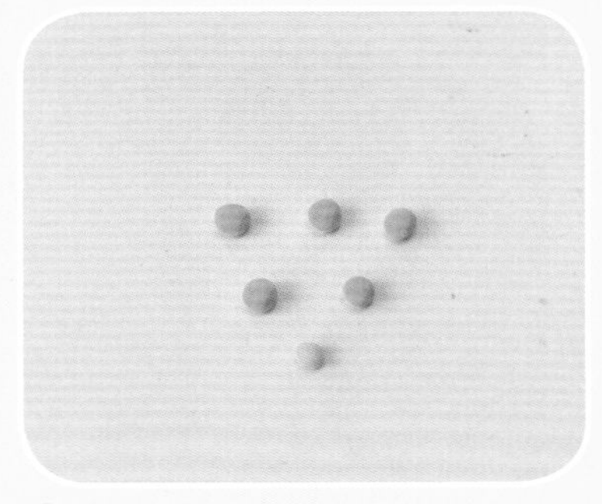

③ 取粉色黏土和黄色黏土，揉成五个粉色黏土球和一个黄色黏土球。

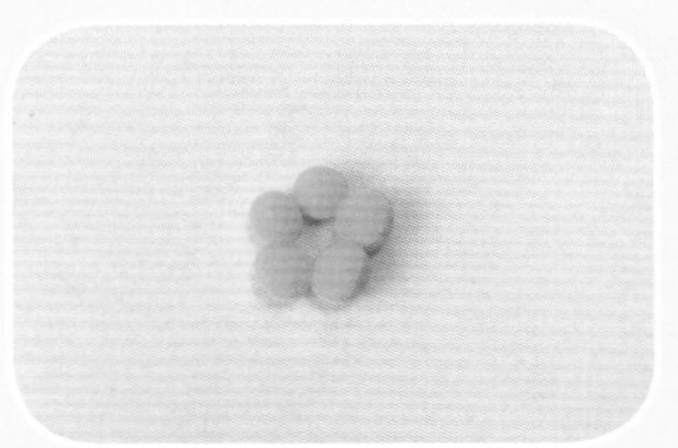

④ 将粉色黏土球组成花的形状，并将黄色黏土球粘贴在花的中间做花蕊。用同样的方法多做几朵。

⑤ 揉粉色黏土球，压扁后粘贴在脸颊两侧，做腮红。

⑥ 将做好的花粘贴在头发上，做发饰。

组 合

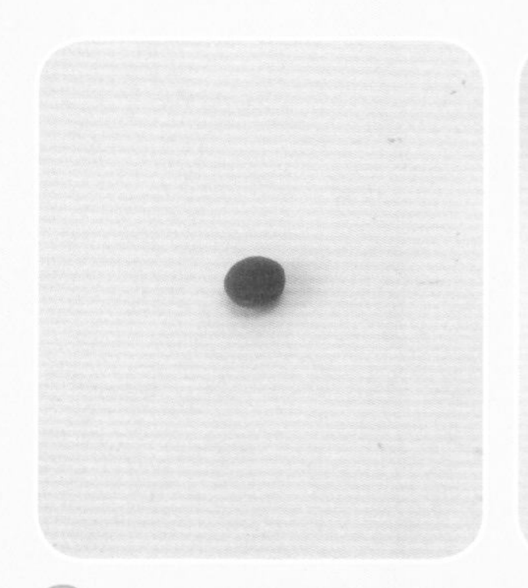

7 揉一个深蓝色黏土球，粘贴在发髻底端，轻轻压扁后做发绳。

8 搓一根黑色细长黏土条做发辫。

9 将发辫粘贴在发绳下方。

10 取褐色黏土少许，搓成黏土条做笔杆。

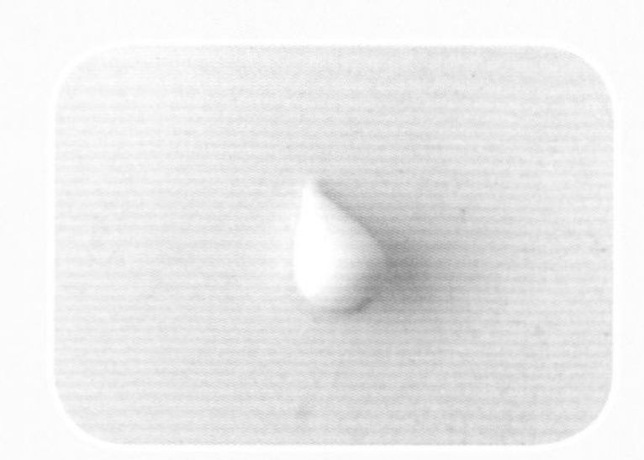

11 取少许白色黏土搓成水滴状做笔尖。

12 将做好的笔杆和笔尖粘贴，并用黑色颜料或水笔将笔尖染成黑色。

13 把做好的笔粘贴在手上。

3 贾迎春

肌肤微丰，合中身材，
腮凝新荔，鼻腻鹅脂，
温柔沉默，观之可亲。

头 部

① 揉一个肤色黏土球用手指稍稍压扁。

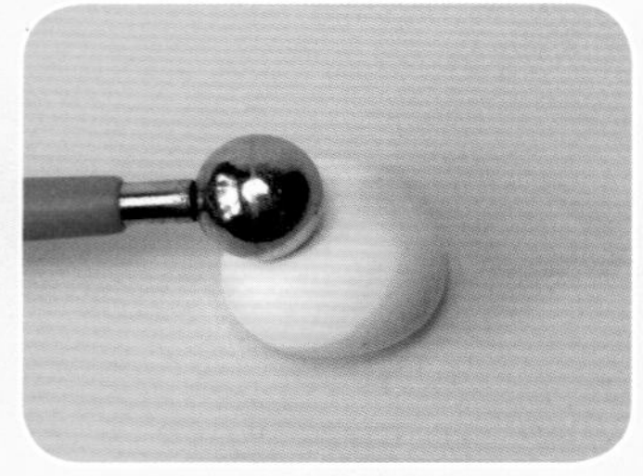

② 用圆头工具在黏土球中间偏上的位置压出眼窝。

③ 搓肤色水滴状黏土做鼻子。

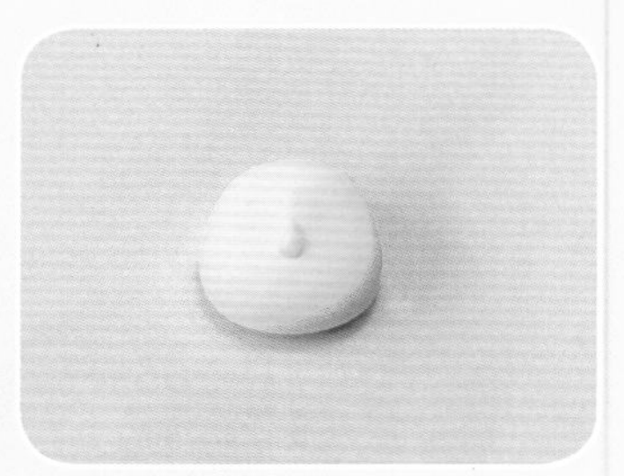

④ 将鼻子粘贴在脸部的中间。

⑤ 取少许肤色黏土，揉成黏土球，并轻压成圆片。

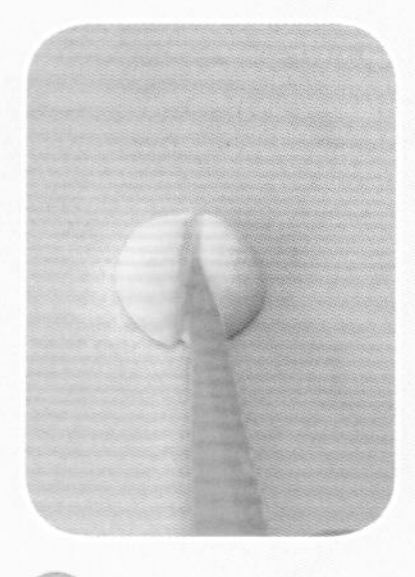

⑥ 用刀形工具将黏土片从中间切成两个半圆形片。

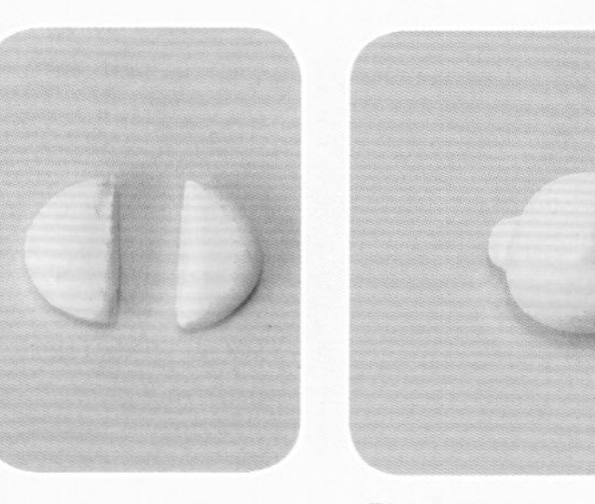

⑦ 把半圆形片粘贴在头的两侧，做耳朵。

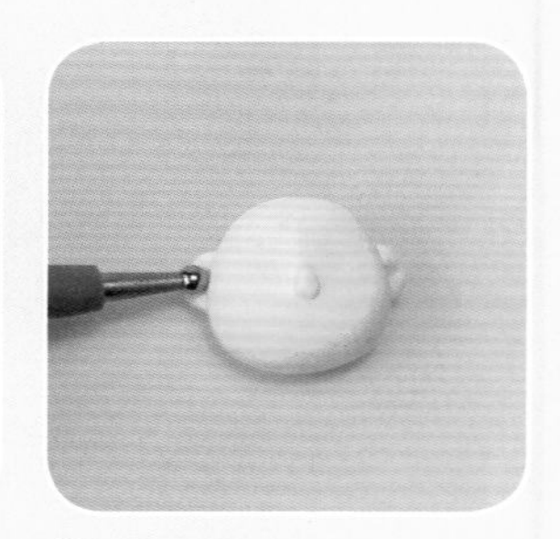

⑧ 用圆头工具在耳朵上轻轻压一下，做耳朵的轮廓。

⑨ 取黑色黏土，轻压成稍厚的黏土片。

⑩ 将黑色黏土片包裹在后脑勺处，做头发。

⑪ 用刀形工具在头发上划出发丝的纹理。

⑫ 取少许黑色黏土，搓两根梭形黏土条做眉毛，再揉两个黏土球做眼睛。

头 部

⑬ 将做好的眉毛粘贴在眉弓处，并将眼睛粘贴在眼窝处。

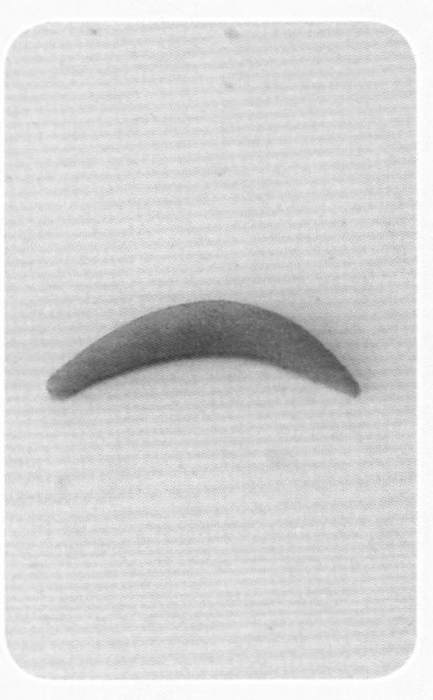

⑭ 取少许红色黏土搓成梭形后弯成月牙状。

⑮ 将月牙状黏土粘贴在鼻子下方做嘴巴。

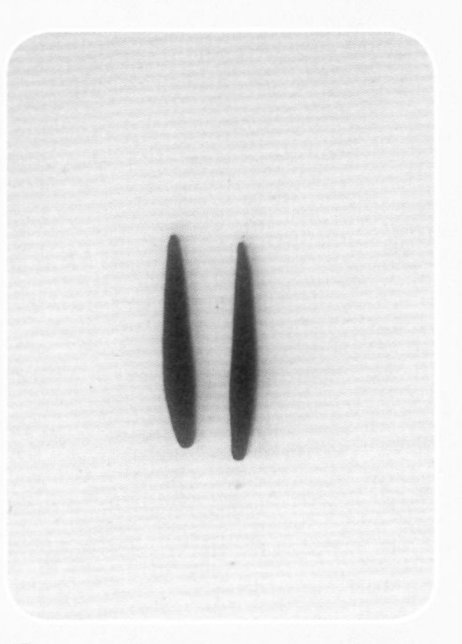

⑯ 搓两根两头尖的黑色黏土条，做鬓发。

⑰ 将鬓发粘贴在鬓角处。

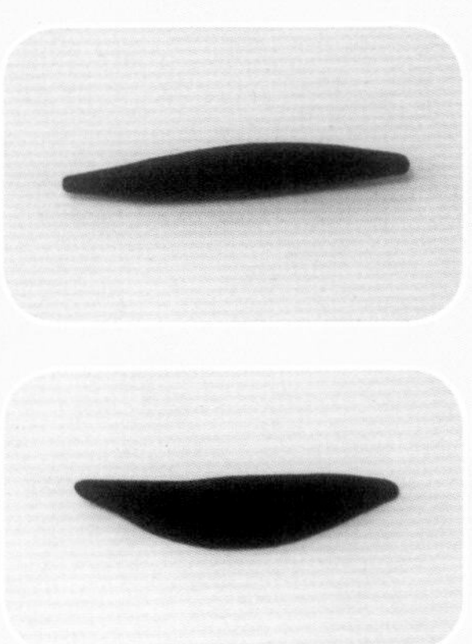

⑱ 取少许黑色黏土，搓成梭形，并压扁做成刘海。

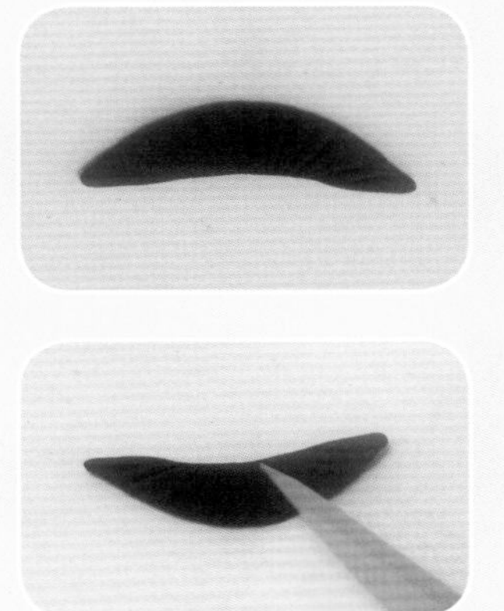

⑲ 用刀形工具在刘海上划出发丝的纹理。

⑳ 将做好的刘海粘贴在额头处。搓两个黑色水滴状黏土，粘贴在后脑处，做发髻。

身 体

1 取白色黏土，捏成锥形。

2 用刀形工具的刀背，在锥形表面压出裙摆的褶皱。

3 取蓝色黏土，捏成锥形。

4 用圆头工具在锥形底部压出凹陷，做上衣。

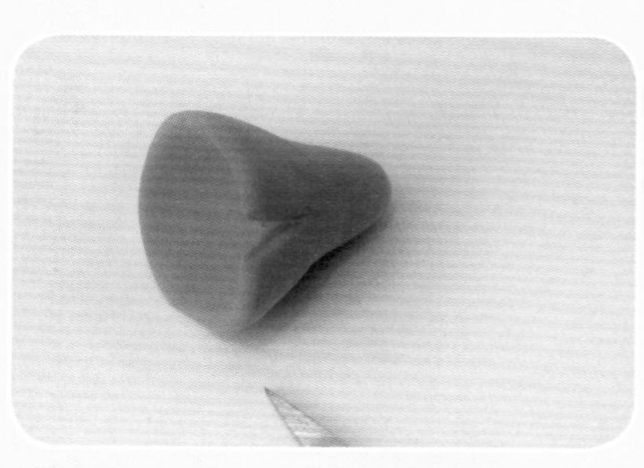

5 用剪刀在衣摆处剪一刀至上衣 1/3 处，做成衣摆开叉。

6 将上衣和裙子粘贴在一起。

7 准备白色黏土球粘贴在上衣顶端。

8 用圆头工具轻压圆球，压出凹陷，做衣领。

9 用刀形工具在衣领处向下划开，并调整衣领造型。

10 准备深蓝色黏土条，用擀泥棒压成长条形黏土片。

11 将深蓝色黏土片围着衣领粘贴，做成上衣直领。

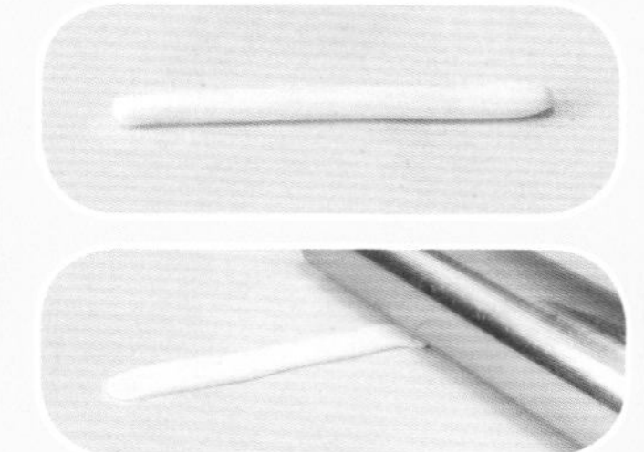

12 准备白色黏土条，用擀泥棒压扁成长条形黏土片。

身　体

⑬将做好的白色黏土片粘贴在上衣中部，做成外衫绦带。

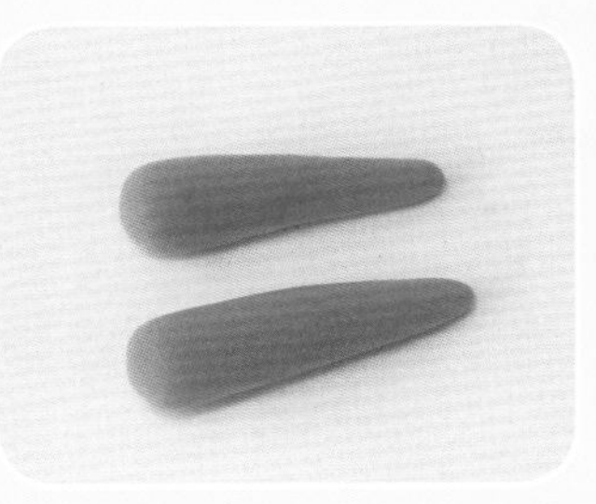

⑭ 取天蓝色黏土，搓成两根同等大小的水滴状黏土条。

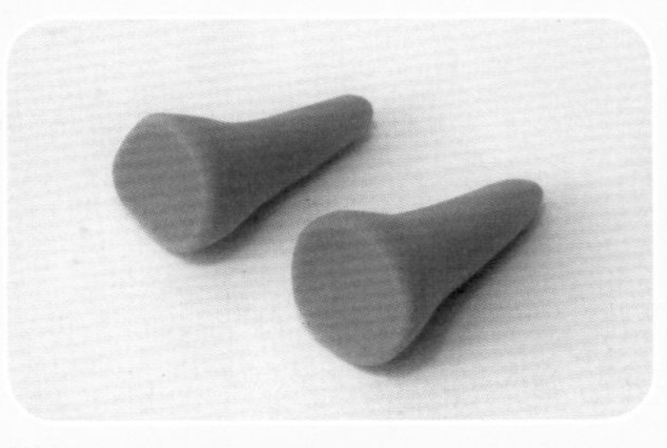

⑮ 用圆头工具在黏土条底部压出凹陷，做手臂。

⑯ 将手臂的一端压扁做袖摆。

⑰ 将做好的手臂弯折并调整角度。

⑱ 将手臂粘贴在人物身体两侧，并调整好角度。

⑲ 揉一个肤色黏土球。

⑳ 将肤色黏土球粘贴在衣领处做脖子。

㉑ 揉两个肤色小黏土球，将黏土球粘贴在袖口做手。

组 合

① 取一段铁丝，插入脖领处，并留出一段用于固定头部。

② 将已干的头部固定在脖子上并调整好角度。

③ 取白色黏土少许，分成五份，搓成水滴状做茉莉花花苞。

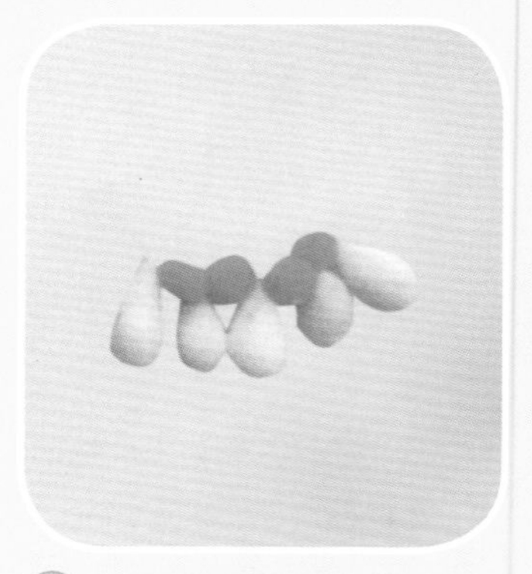

④ 取少许浅绿色黏土，揉几个小球粘贴在花苞顶端。做成茉莉花串。

⑤ 将灰色黏土条搓成针状。

⑥ 把做好的针和茉莉花串分别粘贴在手上。

⑦ 取白色细黏土条，分别粘贴在针的底部和茉莉花串的一端，连成线。

组 合

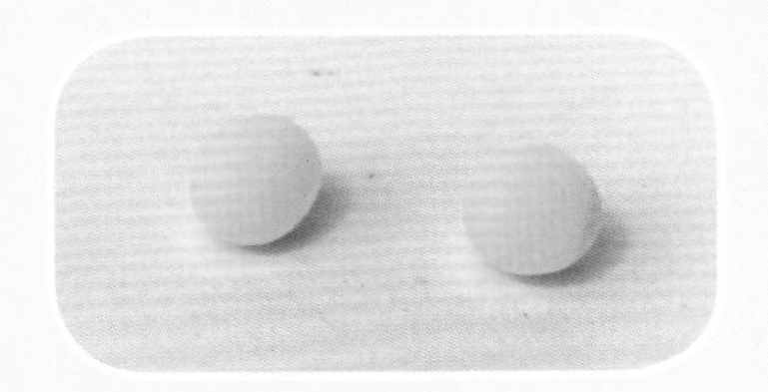

8 揉两个粉色黏土球。

9 将黏土球压扁后粘贴在脸颊两侧，做腮红。

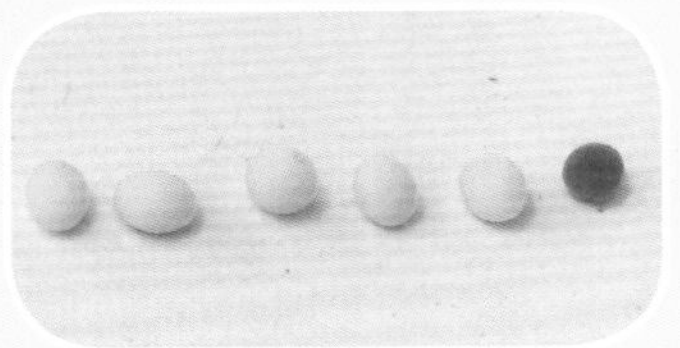

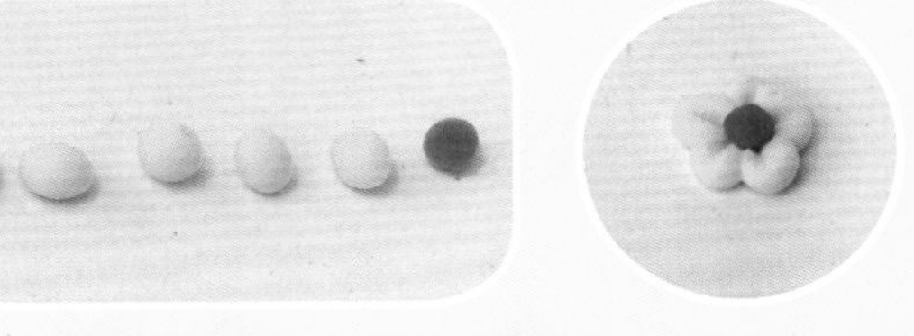

10 取黄色黏土和紫色黏土，揉成五个黄色黏土球和一个紫色黏土球。将黄色黏土球组成花的形状，并将紫色黏土球粘贴在花的中间做花蕊。可以多做几朵。

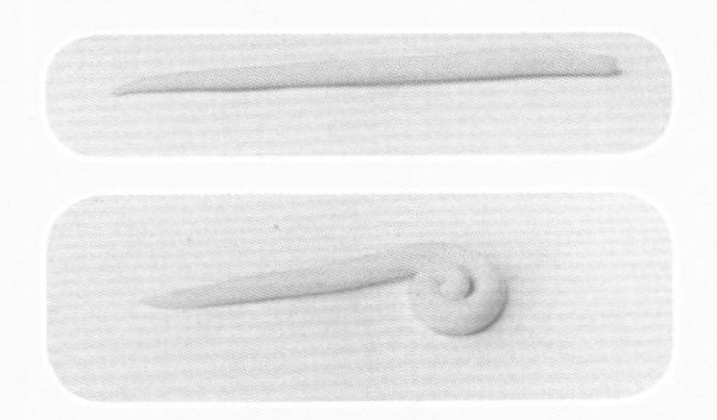

11 搓一根黄色黏土条，将其中一端卷起来，做发簪。

12 将做好的花和发簪粘贴在头发上。

13 揉一个红色黏土球粘贴在后脑，并稍稍压扁做成发绳。

14 准备黑色黏土条做发辫，将发辫粘贴在发绳的下端。完工啦！

贾元春

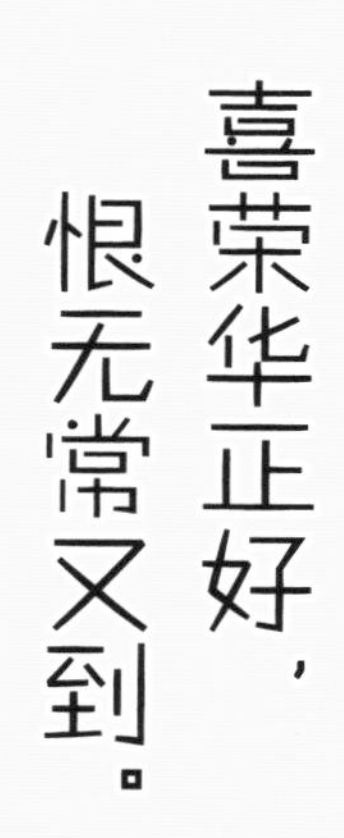

头 部

❶ 揉一个肤色黏土球用手指稍稍压扁。

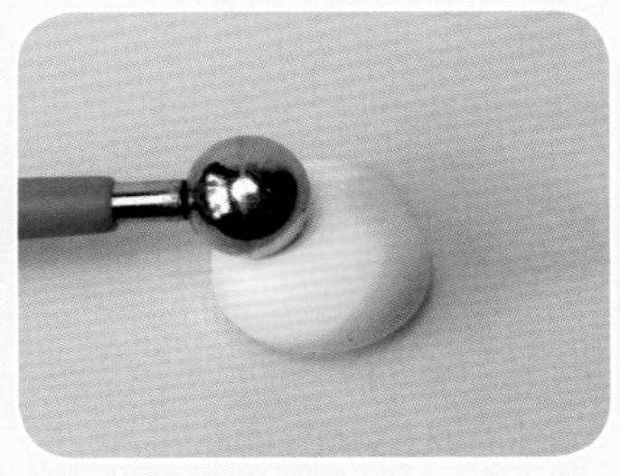

❷ 用圆头工具在黏土球中间偏上的位置压出眼窝。

❸ 搓肤色水滴状黏土做鼻子。

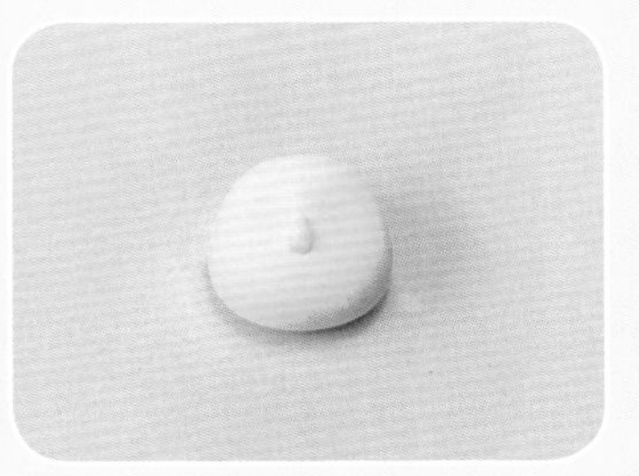

❹ 将鼻子粘贴在脸部的中间。

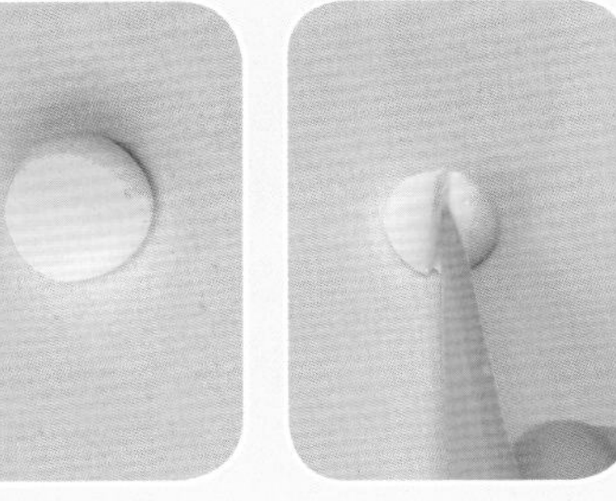

❺ 将肤色黏土球轻压成圆片。

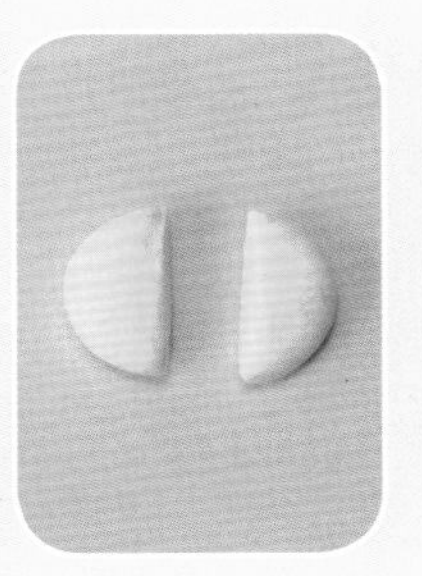

❻ 用刀形工具将黏土片从中间切成两个半圆形片。

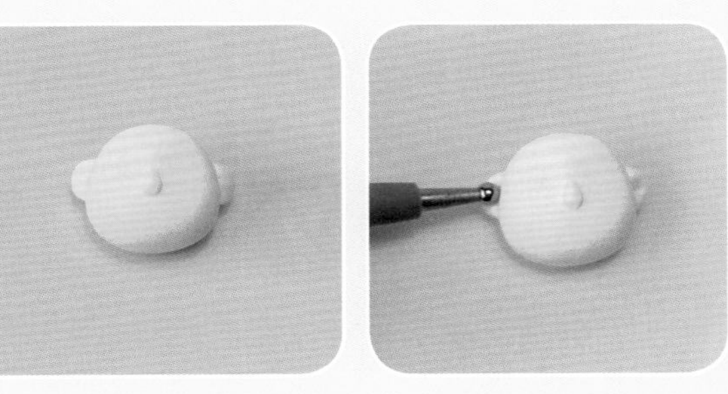

❼ 把半圆形片粘贴在头的两侧，做耳朵。

❽ 用圆头工具在耳朵上轻轻压一下，做耳朵的轮廓。

❾ 取少许黑色黏土，搓两根梭形眉毛。

❿ 将眉毛粘贴在眉弓处。

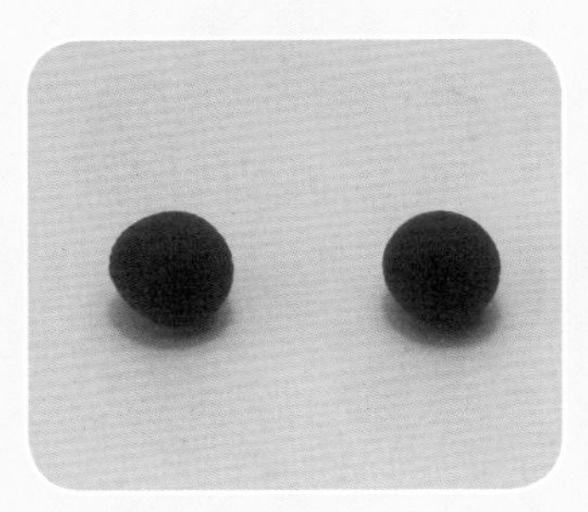

⓫ 揉两个黑色黏土球。

⓬ 并将做好的黏土球粘贴在眼窝处做眼睛。

头 部

⑬ 取少许红色黏土搓成梭形，做嘴巴。

⑭ 将做好的嘴巴粘贴在鼻子下方。

⑮ 取黑色黏土，包裹后脑勺，并用刀形工具划出发丝的纹理。

⑯ 取黑色黏土，搓三个水滴状黏土。

⑰ 将水滴状黏土的尖角粘贴，并压扁做成发髻。

⑱ 将做好的发髻粘贴在后脑处。

身 体

① 取金黄色黏土，捏成锥形。

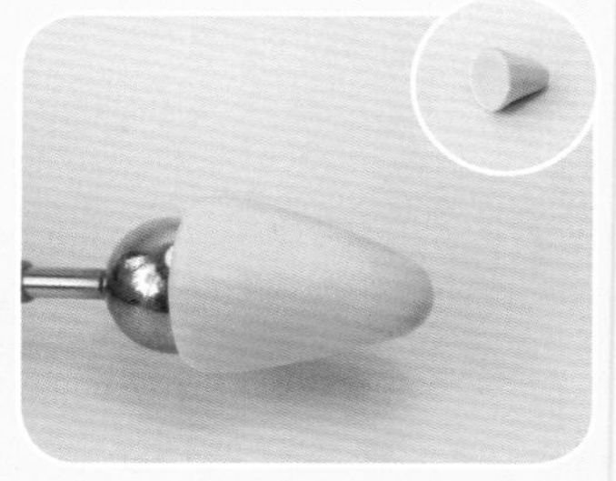

② 用圆头工具在锥形底部压出凹陷，做上衣。

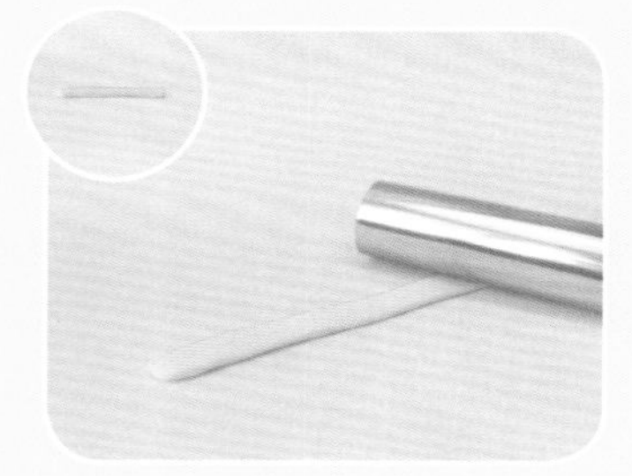

③ 搓柠檬黄色黏土条，并用擀泥棒压扁成长条形黏土片。

④ 将做好的黏土片围着上衣下摆粘贴一圈。

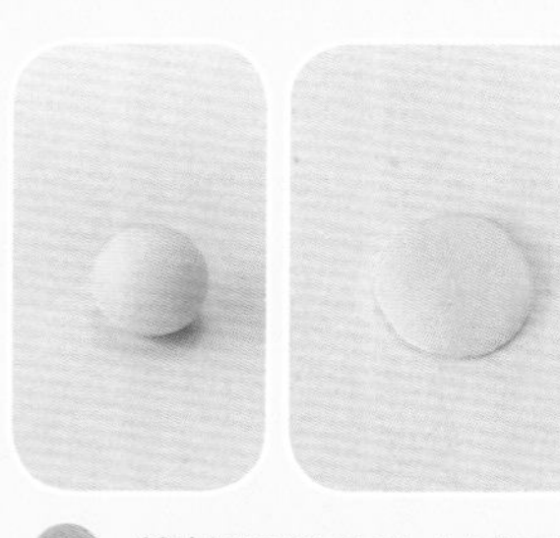

⑤ 将柠檬黄色黏土球压扁成圆形黏土片。

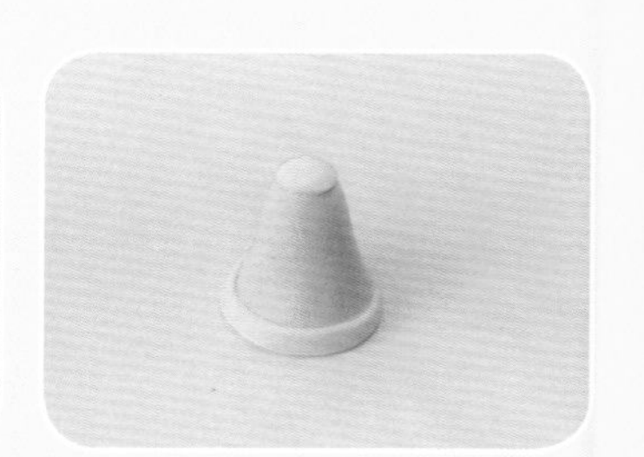

⑥ 将做好的圆片粘贴在上衣顶端，做圆领。

身 体

7 揉一个白色黏土球粘贴在圆领中间。

8 用圆头工具轻压圆球，压出凹陷，做衣领。

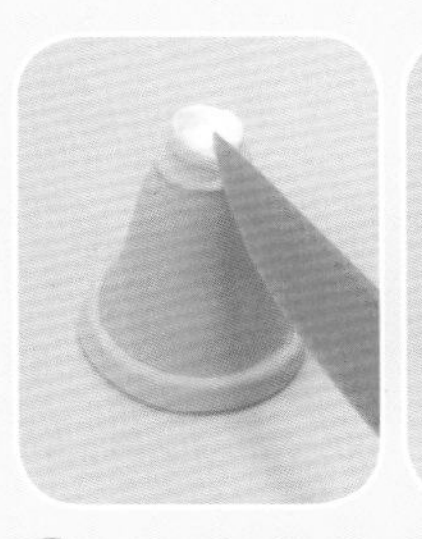

9 用刀形工具在衣领处向下划开，并调整衣领造型。

10 取橘红色黏土捏成锥形。

11 用刀形工具在锥形表面压出竖条纹理，做裙摆衣褶。

12 将做好的上衣和裙子粘贴起来。

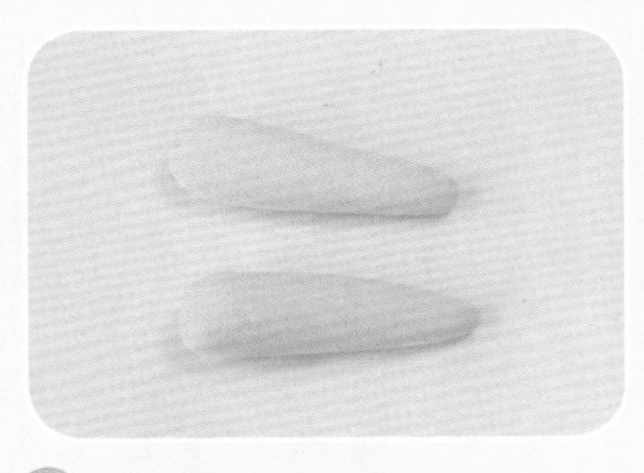

13 取金黄色黏土搓成水滴状黏土条。

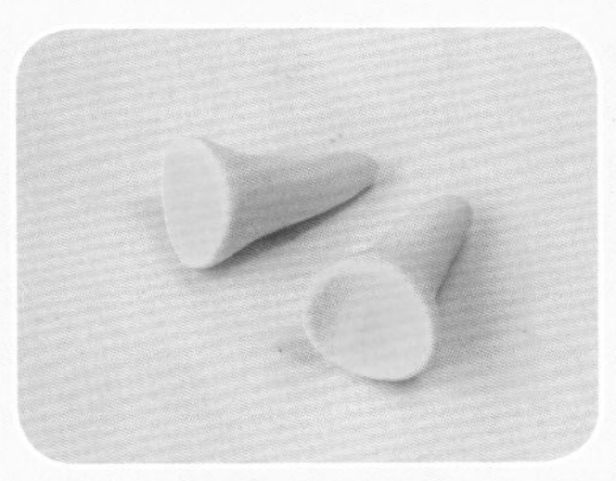

14 用圆头工具在黏土条底部压出凹陷，做手臂。

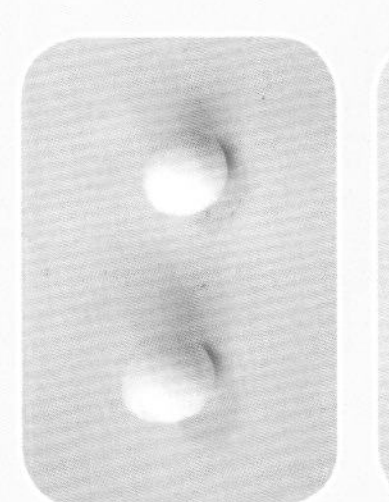

15 将两个白色黏土球粘贴在袖口处。

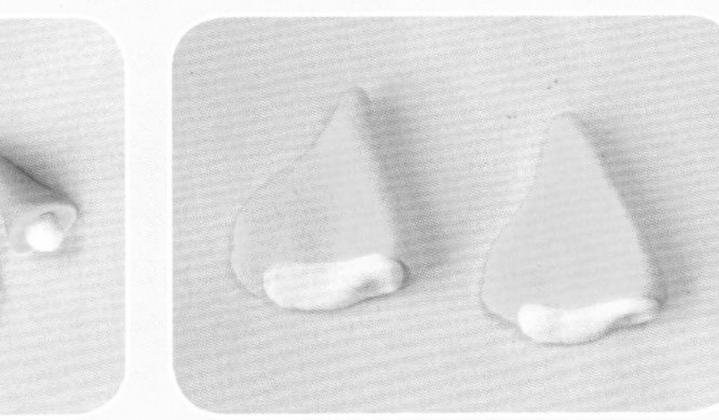

16 将手臂的一端压扁成袖摆。

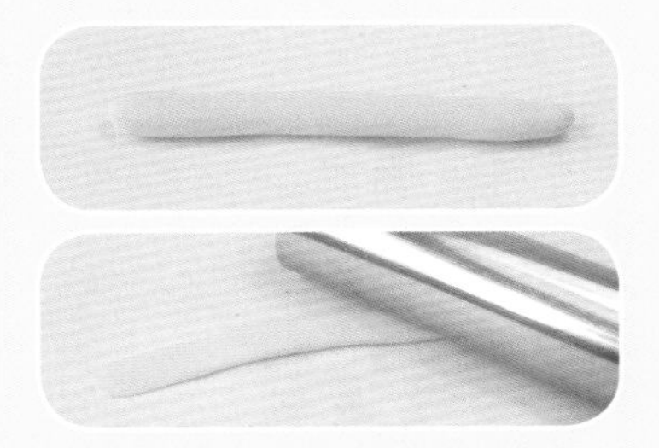

17 搓柠檬黄黏土条，用擀泥棒压成长条形黏土片。

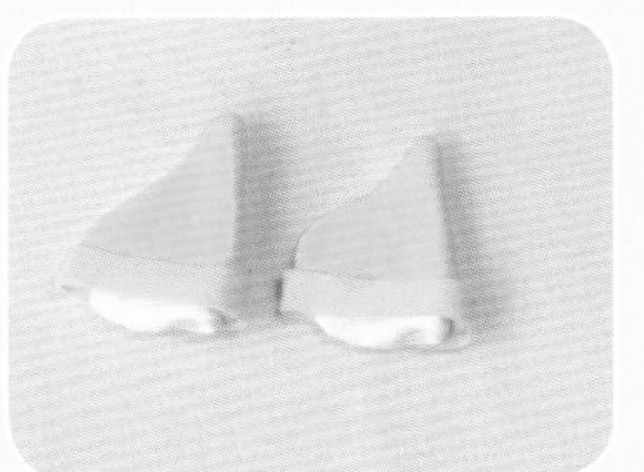

18 将做好的黏土条围着金黄色外衣袖口粘贴，注意稍稍露出里面的白色衣袖。

身 体

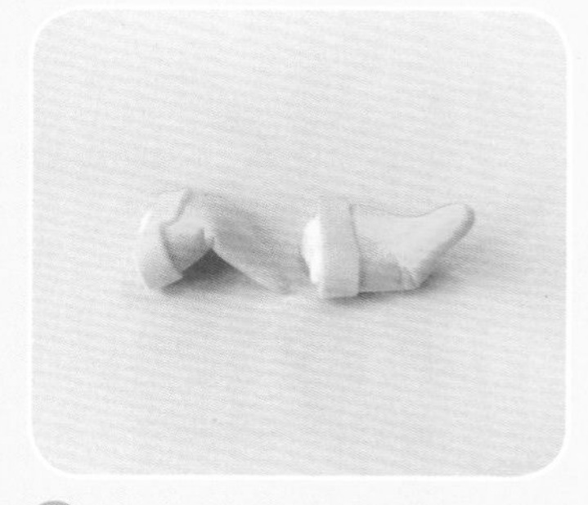

19 将做好的手臂弯折，并调整角度。

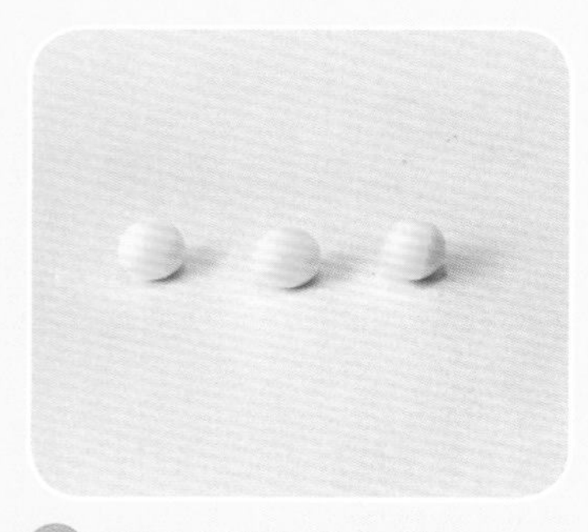

20 揉三个肤色黏土球。

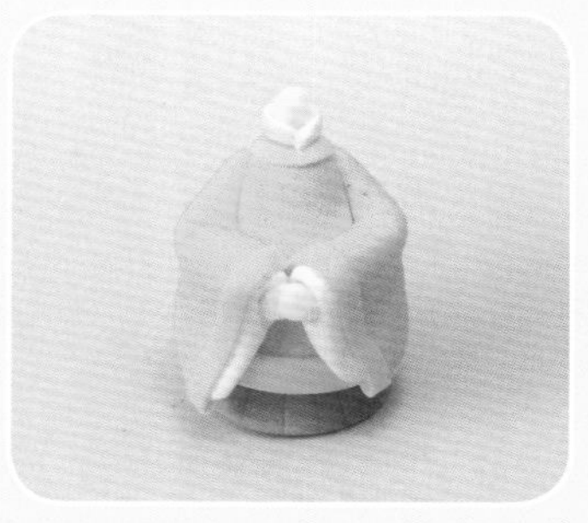

21 将做好的手臂粘贴在身体两侧，并调整角度。再将肤色黏土球分别粘在袖口处、衣领处，做手和脖子。

22 准备红色黏土片，用剪刀裁剪成梯形。

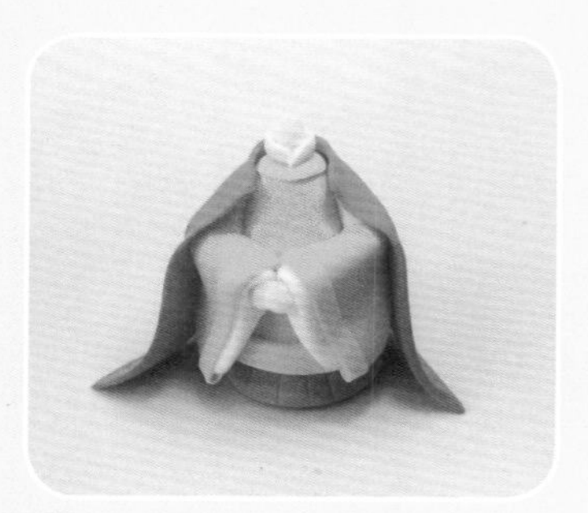

23 将裁剪好的梯形黏土片粘贴在后背做披风。

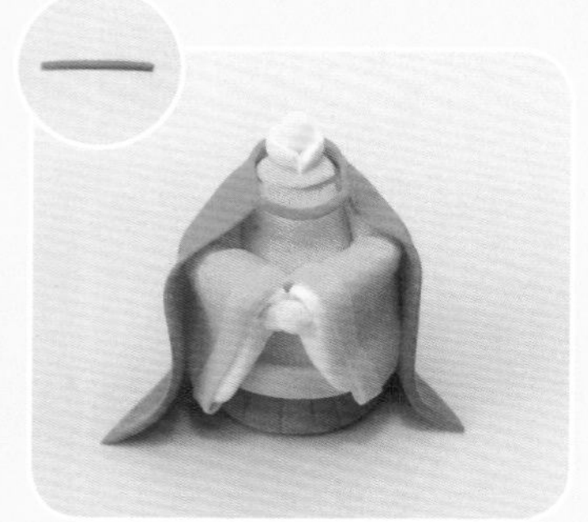

24 搓一根红色细黏土条，并将其粘贴在披风上端做系带。

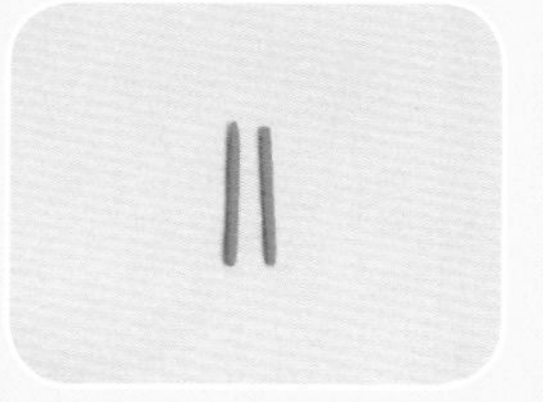

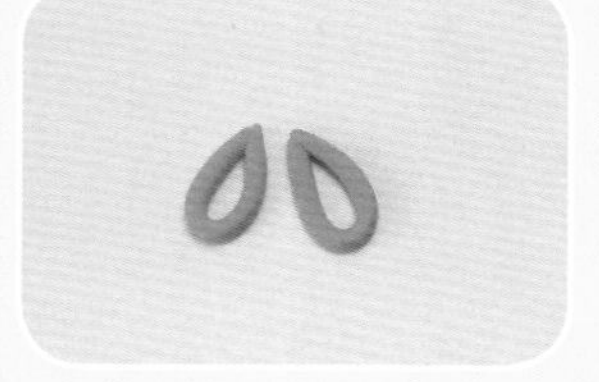

25 搓两根红色细黏土条，并将黏土条的两端粘贴做两个水滴状的系带结。

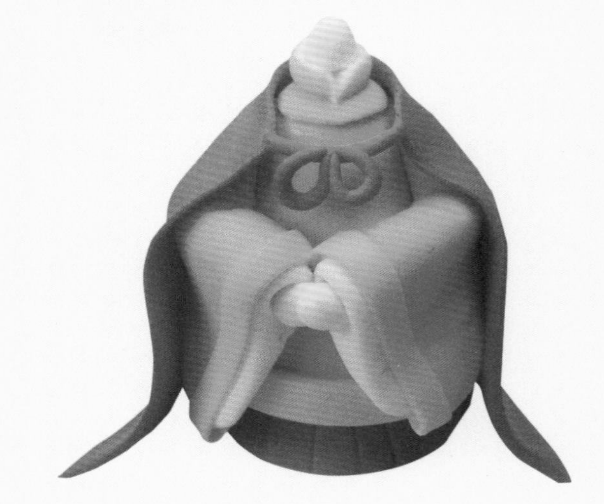

26 将红色的结粘贴在披风系带的中间。

组　合

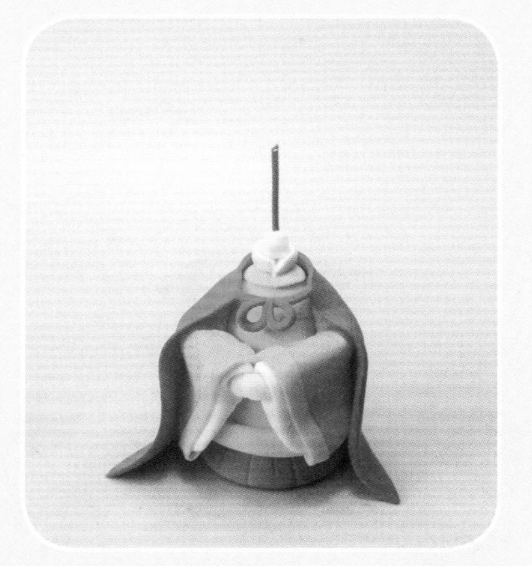

① 取一段铁丝，插入脖领处，并留出一段用于固定头部。

② 将已干的头部固定在脖子上并调整好角度。

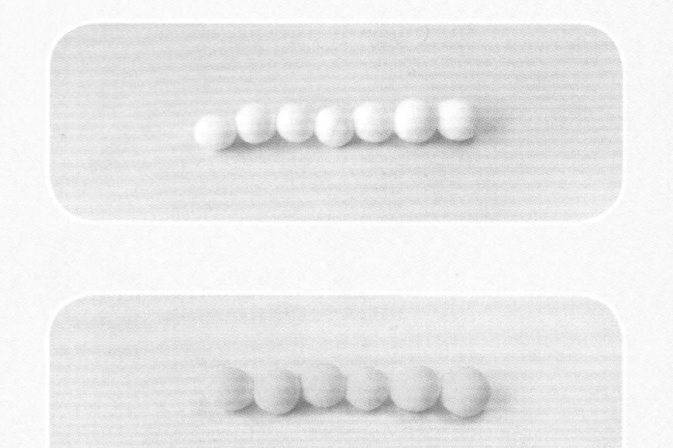

③ 取少许白色、金黄色黏土，揉成若干小黏土球并粘贴成串。可以多做几串用于装饰。

④ 取金黄色黏土，分成五等份后搓成水滴状，并将水滴的尖角粘贴在一起并压扁，做成扇形发饰。

⑤ 将做好的白色、金黄色珠串和金黄色扇形发饰组合，并粘贴在人物头上。

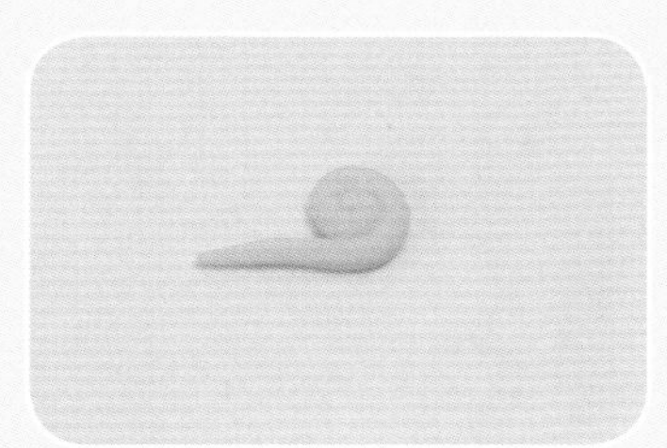

⑥ 搓金黄色黏土条，将黏土条的一头卷起做成云纹造型，多做几个待用。

⑦ 将做好的云纹装饰组合起来做成发饰。

组合

❽ 将做好的云纹发饰粘贴在头发的两侧。

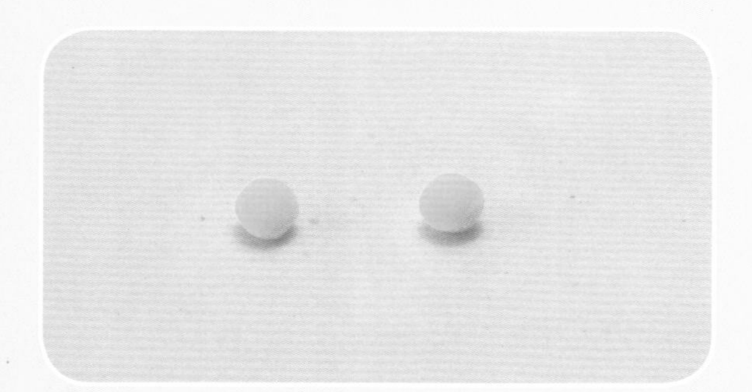

❾ 揉两个粉色黏土球，压扁后粘贴在脸颊两侧，做腮红。完工啦！

5

李纨

桃李春风结子完，
到头谁似一盆兰。

头 部

① 准备大量锡箔纸，将锡箔纸揉捏成石头的形状。

② 在锡箔纸的外面包裹黑色黏土，并用刀形工具调整石头的造型，再放在一边待干。

③ 在石头的表面刷上一层白色的水彩颜料，放置一旁待干。

④ 在石头的底部薄薄地刷上一层绿色颜料，制作石头上的青苔。

⑤ 揉一个肤色黏土球用手指稍稍压扁。

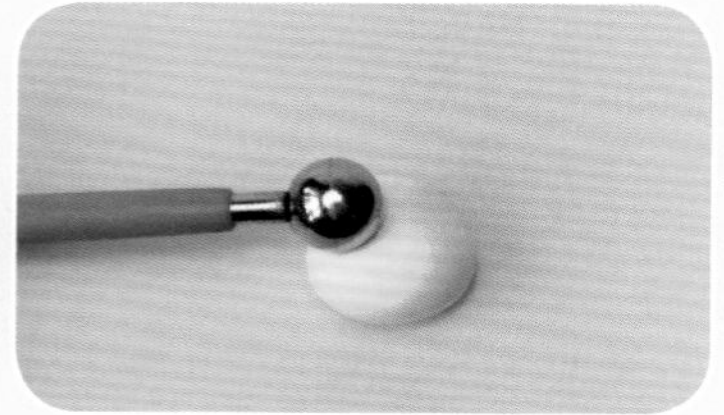

⑥ 用圆头工具在黏土球中间偏上的位置压出眼窝。

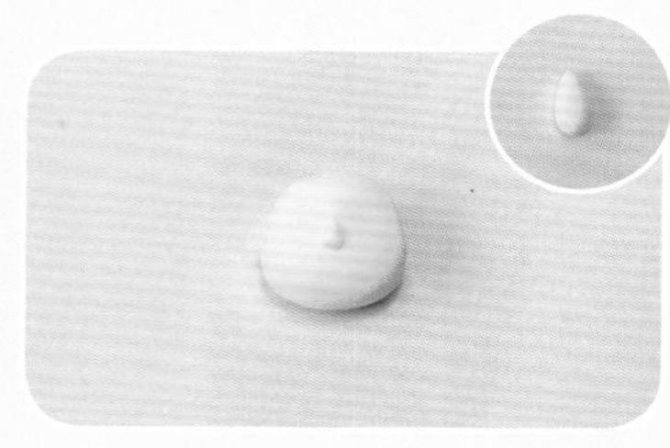

⑦ 搓一个肤色水滴状黏土做鼻子，将鼻子粘贴在脸部的中间。

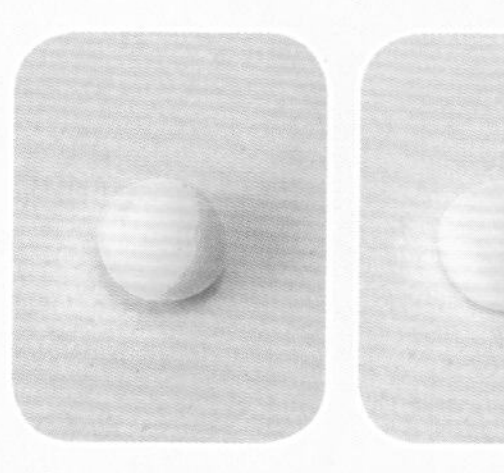

⑧ 将肤色黏土球轻压成圆片。

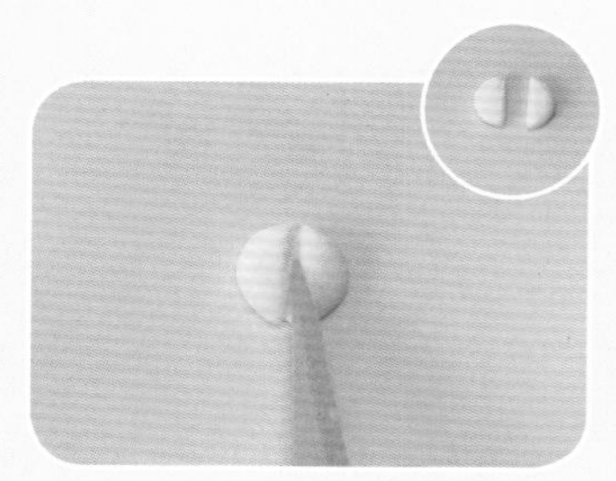

⑨ 用刀形工具将黏土片从中间切成两个半圆形片。

⑩ 把半圆形片粘贴在头的两侧，做耳朵。用圆头工具在耳朵上轻压，做耳朵的轮廓。

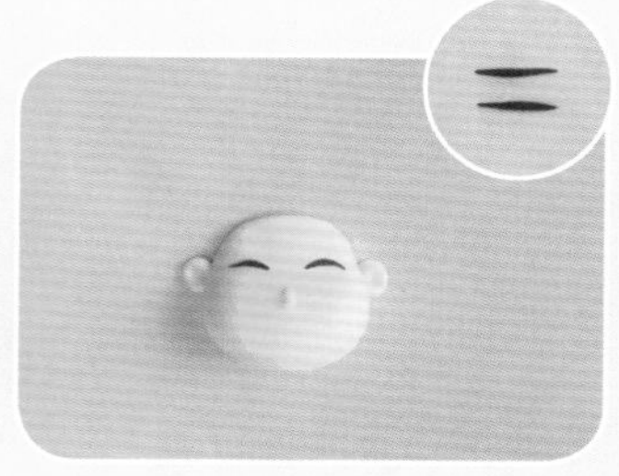

⑪ 取少许黑色黏土，搓两根梭形眉毛，将做好的眉毛粘贴在眉弓处。

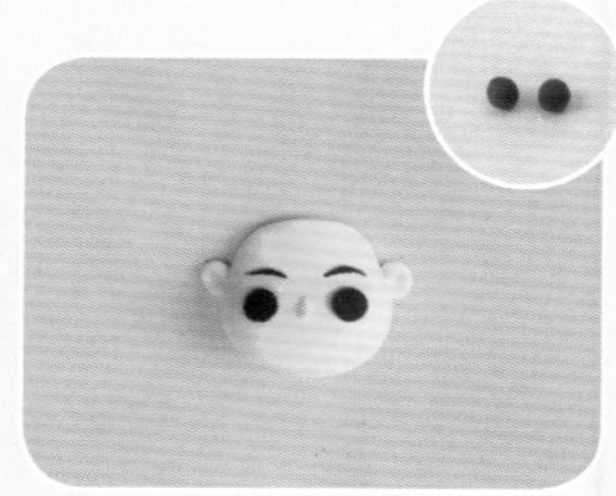

⑫ 揉两个黑色黏土球，粘贴在眼窝处，做眼睛。

头 部

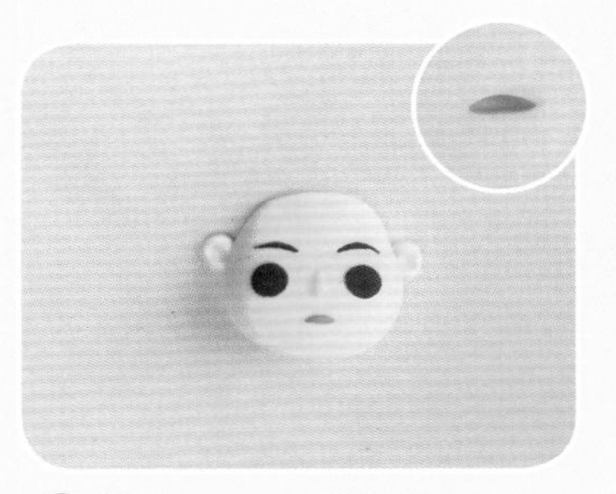

⑬ 取少许红色黏土搓成梭形，粘贴在鼻子下方做嘴巴。

⑭ 取黑色黏土，轻压成稍厚的黏土片，将黑色黏土片包裹在后脑勺处，做头发。

⑮ 用刀形工具在头发上划出发丝的纹理。

⑯ 搓两根两头尖的黑色细黏土条，做鬓发，并粘贴在两鬓。

⑰ 取少许黑色黏土，搓成梭形，将两个尖头相对粘贴，做成水滴状发髻。

⑱ 将做好的发髻粘贴在人物后脑。

身 体

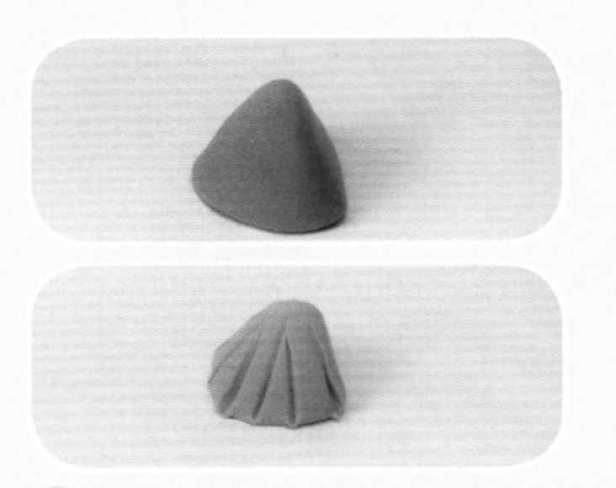

① 取灰色黏土，捏成锥形，用刀形工具在其表面划出竖条纹理，做裙摆衣褶。

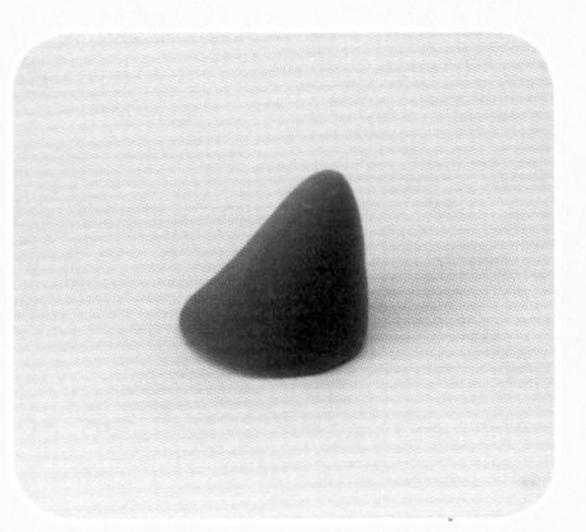

② 取蓝灰色黏土，捏成向一边倾斜的锥形。

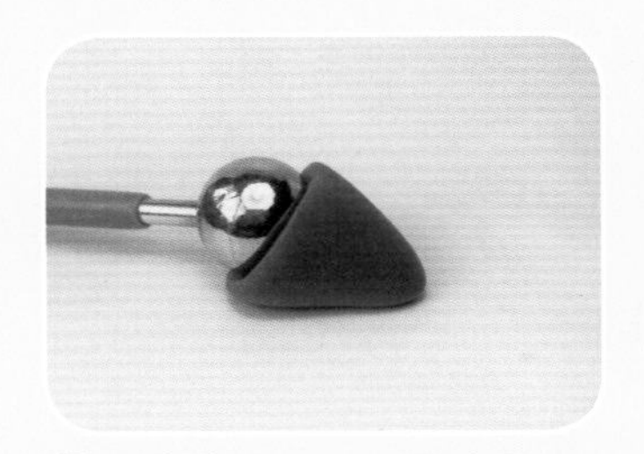

③ 用圆头工具在锥形底部轻压出凹陷，做上衣。

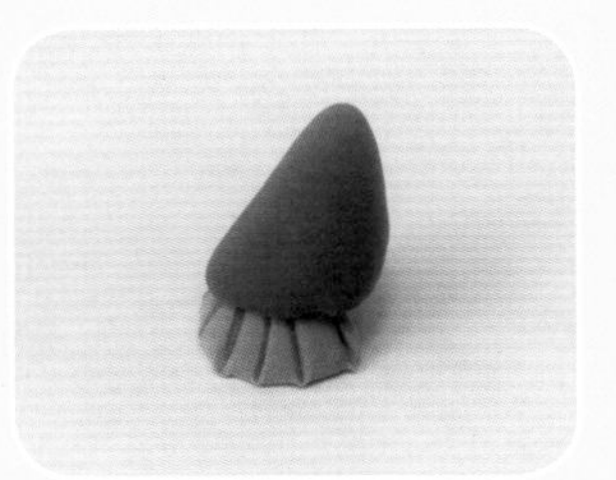

④ 将做好的上衣和裙子粘贴起来 。

⑤ 取少许灰色黏土揉成黏土球后，粘贴在上衣顶部。

身 体

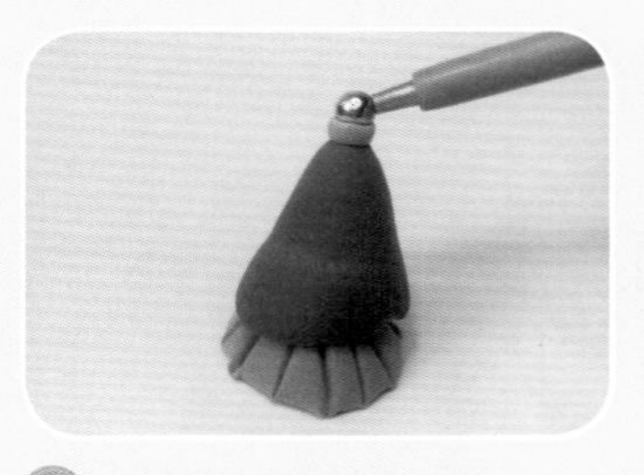

⑥ 用圆头工具轻压圆球，压出凹陷，做衣领。

⑦ 用刀形工具在衣领处向下划开，再适当调整衣领造型。

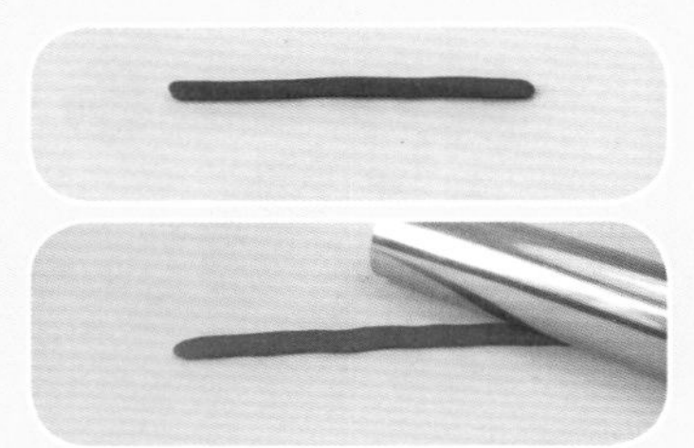

⑧ 搓一根深蓝色黏土条，用擀泥棒压扁长条形黏土片。

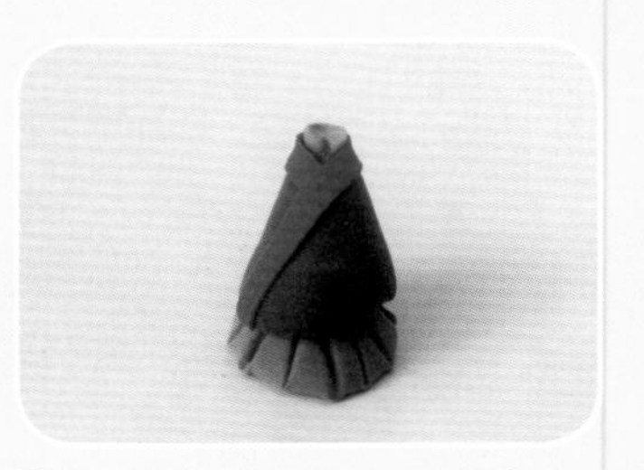

⑨ 将长条形黏土片围着脖领粘贴一圈，做外衣交领。

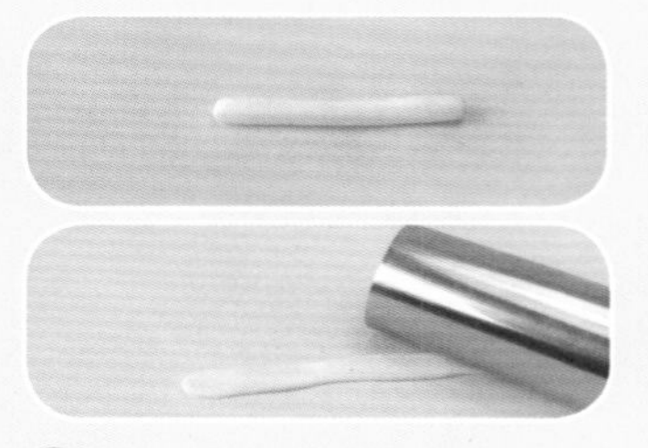

⑩ 搓一根白色黏土条用擀泥棒压扁成长条形黏土片。

⑪ 将白色黏土片围着上衣中部粘贴一圈，做成绦带。

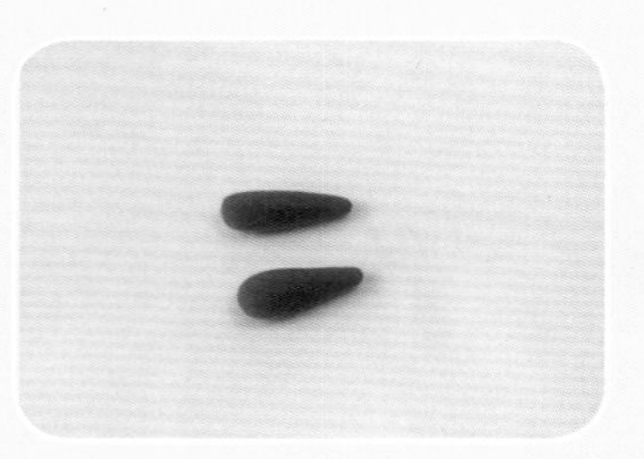

⑫ 将蓝灰色黏土搓两根水滴状黏土条。

⑬ 用圆头工具在黏土条底部压出凹陷，做手臂。

⑭ 将手臂的一端压扁成袖摆。

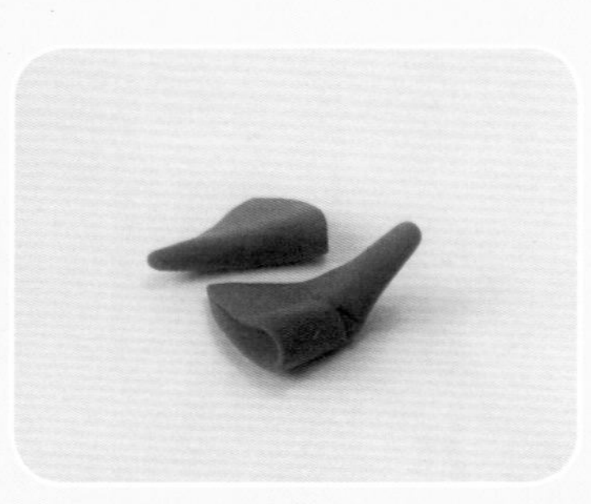

⑮ 将手臂弯折调整角度，用刀形工具制作衣褶。

⑯ 将做好的手臂粘贴在身体两侧，并将人物和石头粘贴在一起，调整手臂的角度。

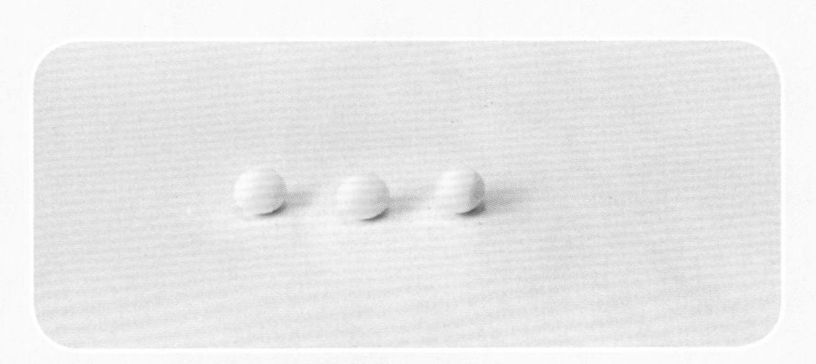

17 取少许肤色黏土揉成三个黏土球。

18 将做好的肤色黏土球分别粘贴在袖口和脖领处，做手和脖子。

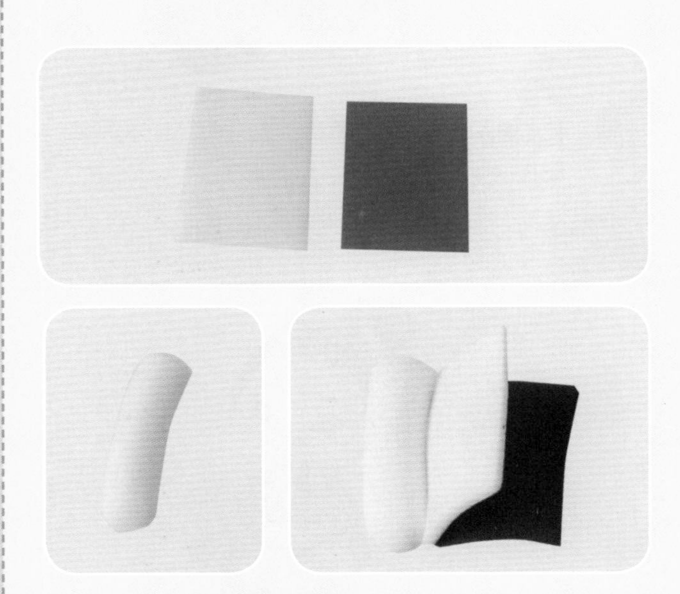

19 用擀泥棒将白色黏土和褐色黏土压成黏土片，并用刀形工具裁切成大小相同的方形黏土片，做封底和书页。再取少许白色黏土搓成和书页等长的黏土条，做卷起的书页。将书页和封底粘贴，做书本。

20 将做好的书本粘贴在右手上。

组 合

❶ 取一段铁丝，将其插入脖子处，并留出一段用于固定头部。

❷ 将做好的头部固定到脖子上，并适当调整角度。

❼ 搓两根水滴状白色黏土条，做发簪。将发簪粘贴在左侧发髻处。

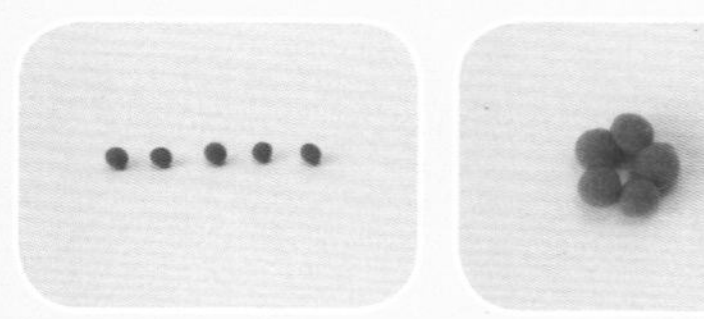

❸ 取紫色黏土揉五个等大的黏土球，并组合成花的形状。

❹ 用刀形工具在每个花瓣表面划出一道纹理。

❺ 揉一个桃红色黏土球，粘贴在花朵中间做花蕊。可以用同样的方法多做几朵花。

❻ 将做好的花粘贴在头上，做发饰。

❽ 揉两个粉色黏土球，压扁后粘贴在脸颊两侧，做腮红。

林黛玉

闲静似娇花照水，
行动如弱柳扶风。

头 部

① 揉一个肤色黏土球用手指稍稍压扁。

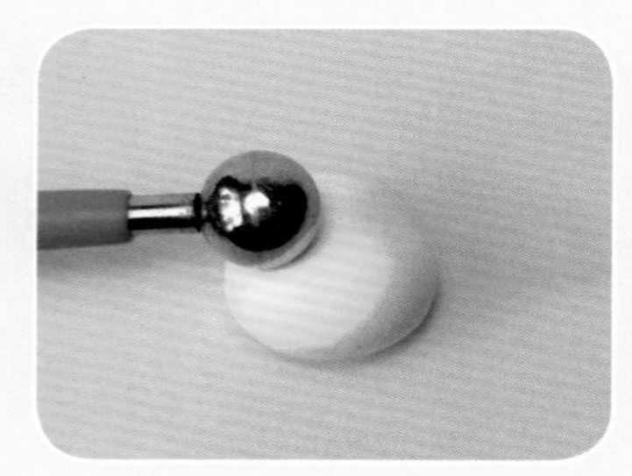

② 用圆头工具在黏土球中间偏上的位置压出眼窝。

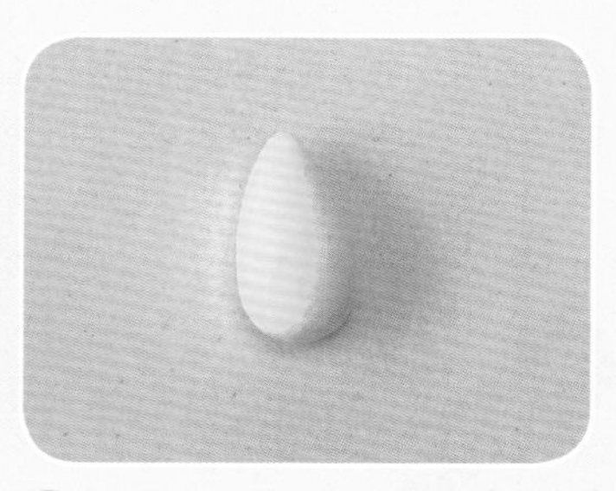

③ 搓一个肤色水滴状黏土做鼻子。

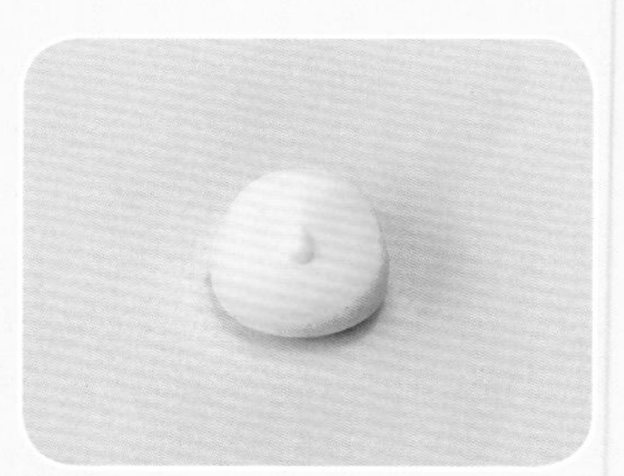

④ 将鼻子粘贴在脸部的中间。

⑤ 揉一个肤色黏土球，轻压成圆片。

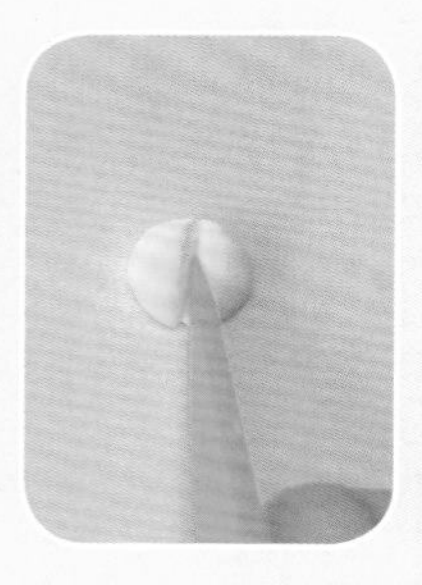

⑥ 用刀形工具将黏土片从中间切成两个半圆形片。

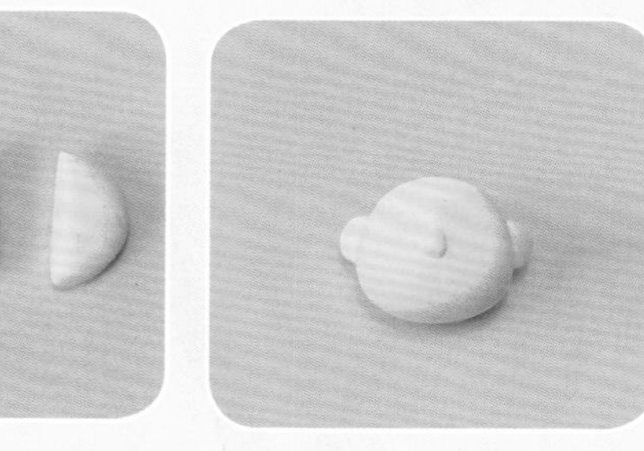

⑦ 把半圆形片粘贴在头的两侧，做耳朵。

⑧ 用圆头工具在耳朵上轻轻压一下，做耳朵的轮廓。

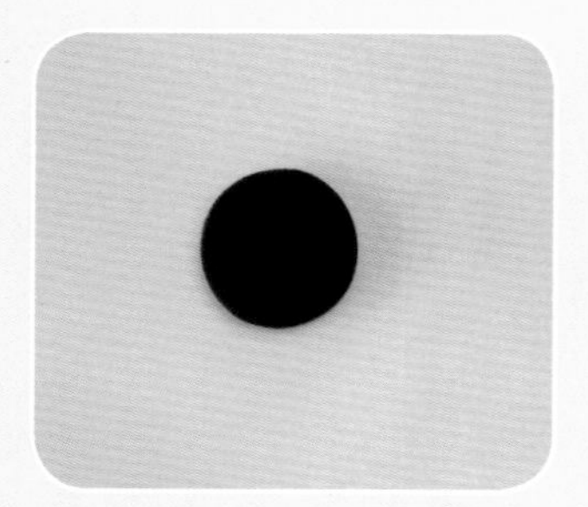

⑨ 取黑色黏土，轻压成稍厚的黏土片。

⑩ 将黑色黏土片包裹在后脑勺处，做头发。

⑪ 用刀形工具在头发上划出发丝的纹理。

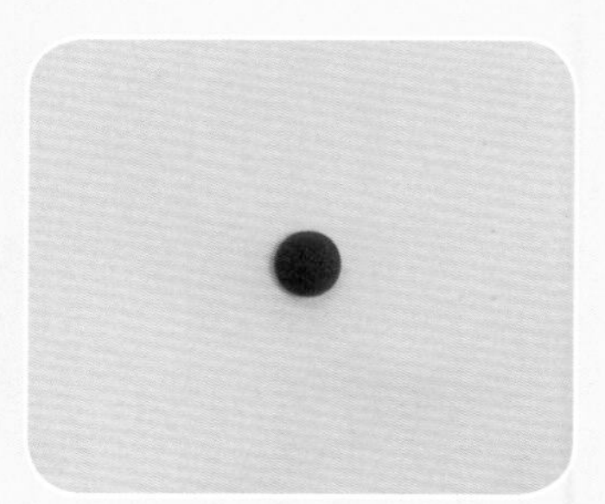

⑫ 将黑色黏土球稍稍压扁成圆形黏土片。

头 部

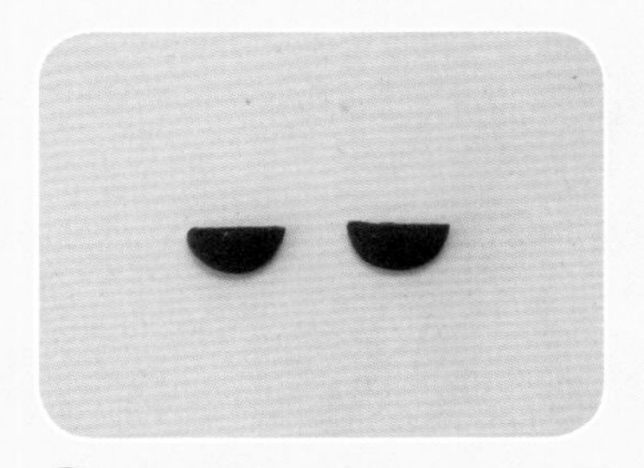

13 将圆形黏土片从中间切开，做两个半圆形黏土片。

14 将半圆形黏土片粘贴在眼窝处，做眼睛。

15 取少许黑色黏土，搓两根梭形眉毛。

16 将做好的眉毛粘贴在眉弓处，注意眉梢向下倾斜。

17 取少许红色黏土搓成梭形。

18 将红色梭形黏土粘贴在鼻子下方，做嘴巴。

19 搓两根两头尖黑色细黏土条，做鬓发，并粘贴在两鬓。

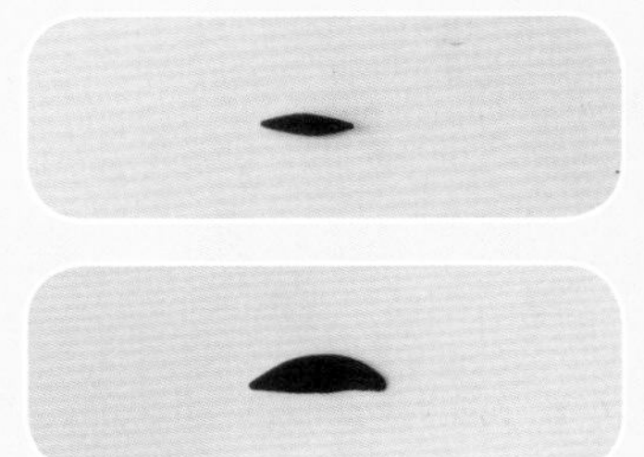

20 取少许黑色黏土，搓成梭形，并将梭形黏土压成扁片。

21 用刀形工具在黑色梭形扁片上划出竖直条纹，并粘贴在前额处做刘海。

22 搓一个黑色水滴状黏土做发髻，并粘贴在后脑处。

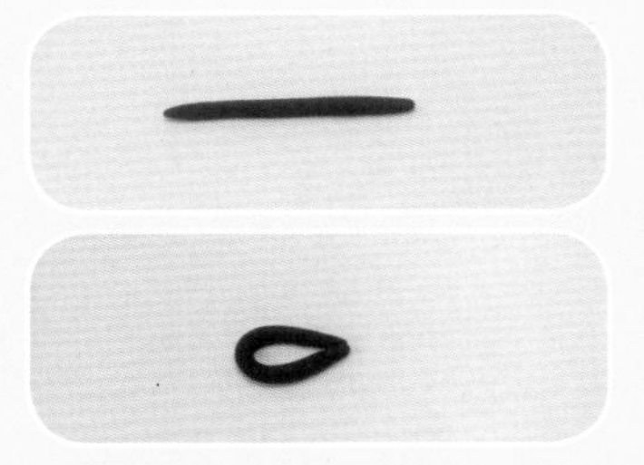

23 将黑色黏土条两头粘贴，做成空心的水滴状发髻，并粘贴在前一个水滴状发髻旁。将做好的头部放在一边待干。

身 体

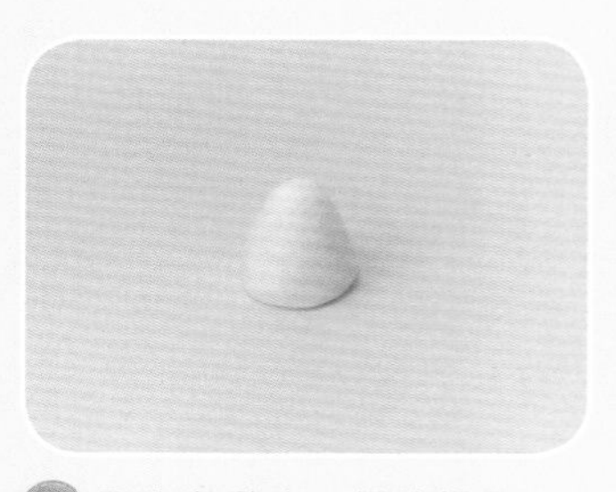

1 取白色黏土，捏成锥形。

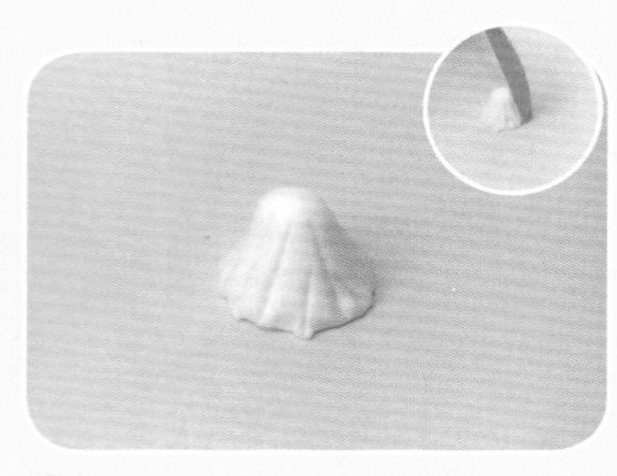

2 用刀形工具的刀背在锥形表面划出竖条纹理，做裙摆衣褶。

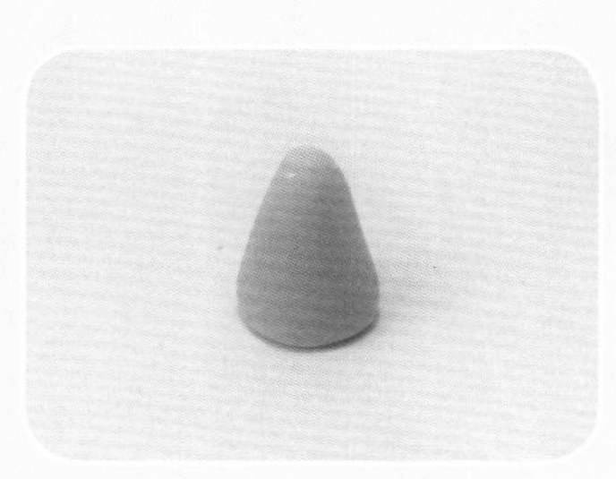

3 取浅蓝色黏土，捏成锥形。

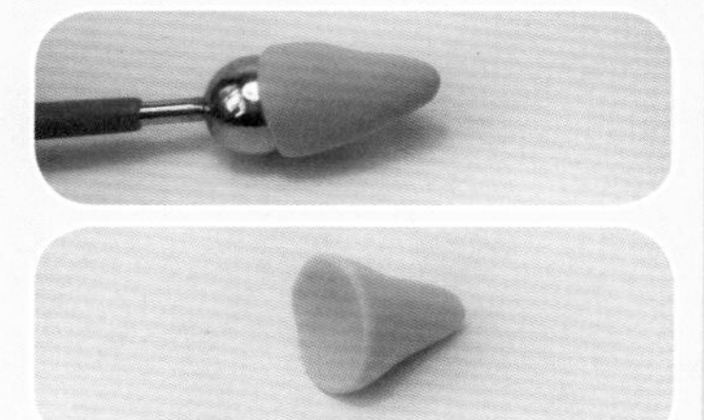

4 用圆头工具在锥形底部轻压出凹陷，做上衣。

5 用剪刀将上衣的一侧剪开。

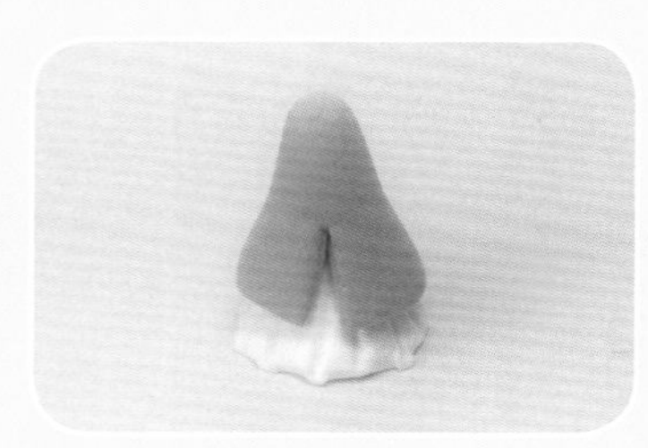

6 将做好的上衣和裙子粘贴。

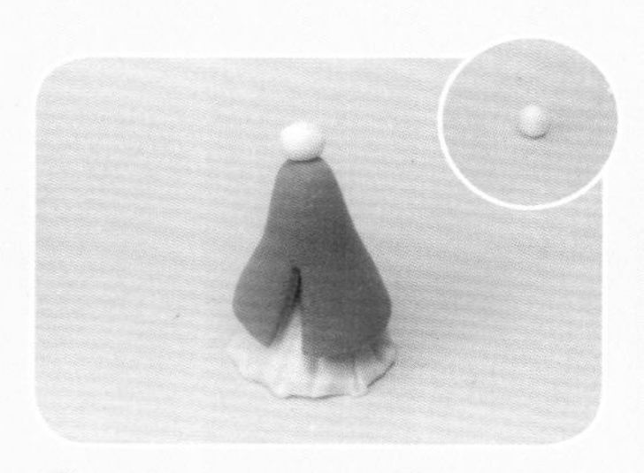

7 揉一个白色黏土球粘贴在上衣顶部。

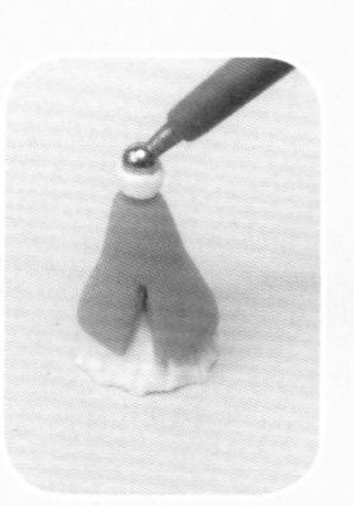

8 将圆球压凹，做上衣衣领，并用刀形工具将衣领向下划开，再适当调整衣领造型。

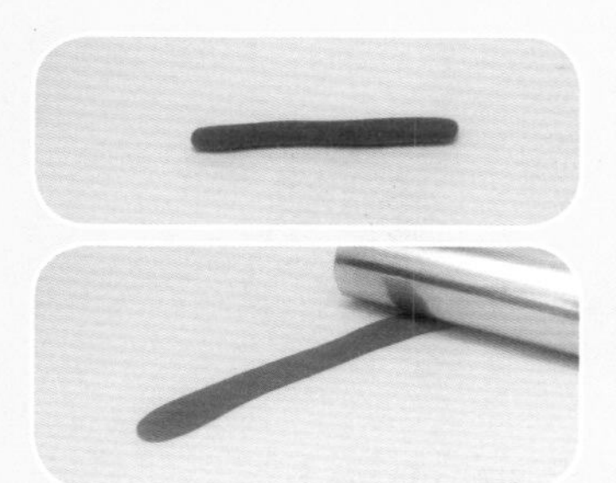

9 搓深蓝色黏土条，用擀泥棒压扁成长条形黏土片。

10 将长条形黏土片围着脖领粘贴一圈，做上衣交领。

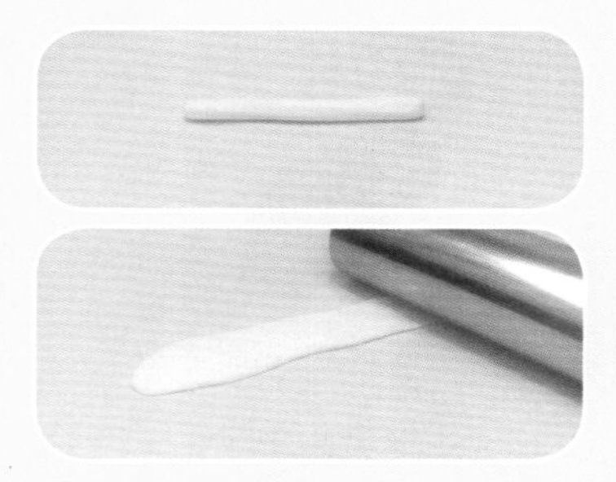

11 将白色黏土条用擀泥棒压扁，做成长条形黏土片。

12 将白色黏土片围着上衣中部粘贴一圈，做绦带。

身 体

13 搓两根浅蓝色水滴状黏土条。

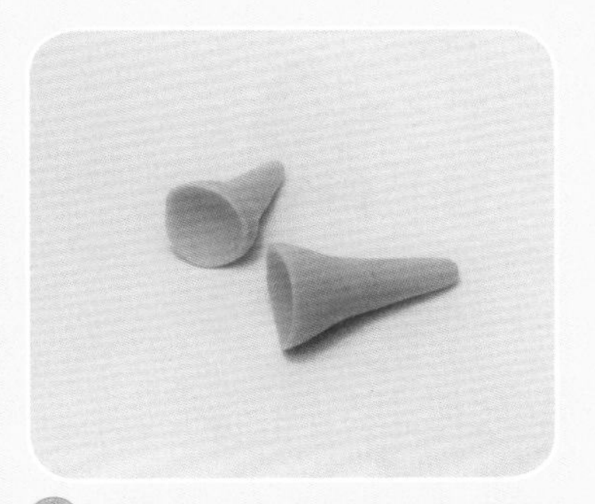

14 用圆头工具在黏土条底部压出凹陷，做手臂。

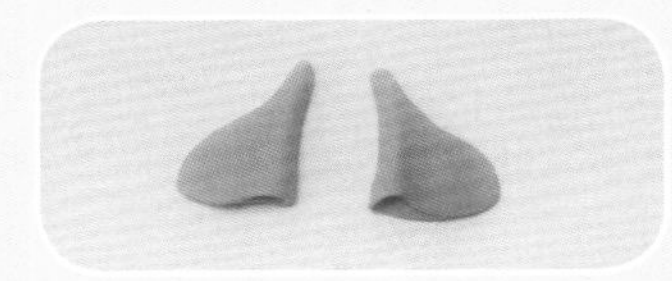

15 将手臂的一端压扁做袖摆。

16 将手臂弯折，并调整角度。

17 将做好的手臂粘贴在身体两侧，并适当调整角度。

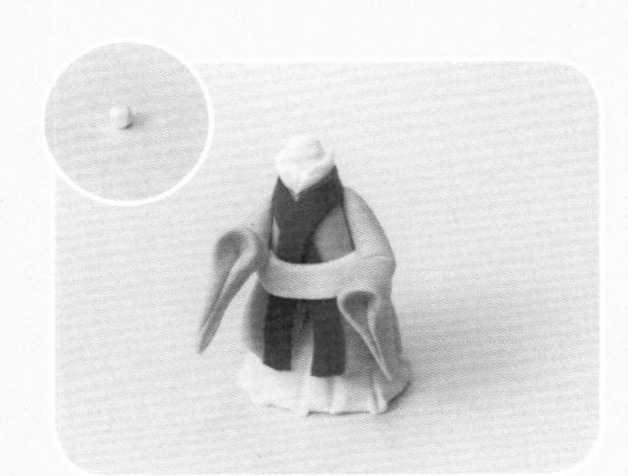

18 将肤色黏土球粘贴在衣领处，做脖子。

19 揉两个大小相同的肤色黏土球，粘贴在袖口处做手。

组 合

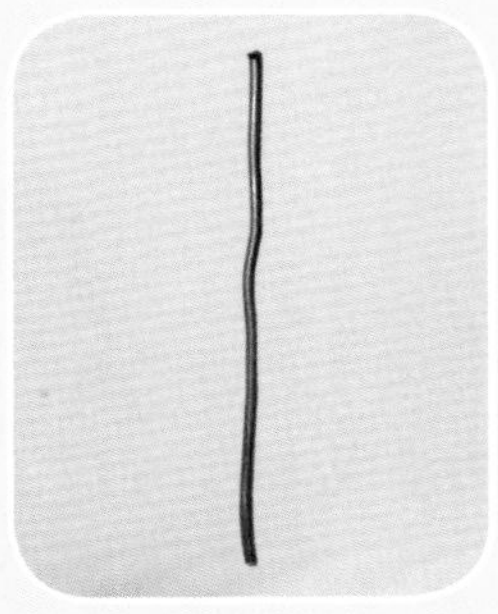

1 取一段铁丝，将铁丝插入脖子，并留出一段用于固定头部。

2 将做好的头部固定到脖子上，并适当调整角度。

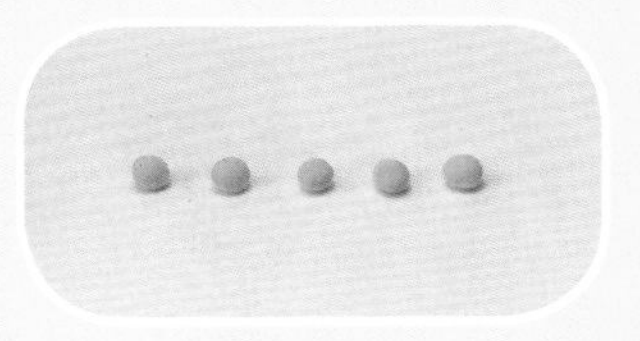

3 取粉红色黏土，揉五个等大的黏土球，并组合成花的形状。

4 用刀形工具在每个花瓣表面划出一道纹理，并揉一个黄色小黏土球粘贴在花的中间做花蕊。

组 合

5 将做好的花粘贴在头部右侧。

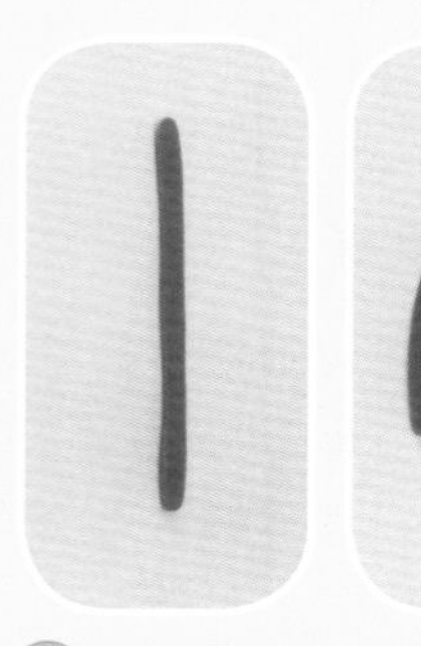

6 搓紫色细黏土条，将一端卷起。用同样的方法再做一根。

7 将卷好的黏土条并排粘贴在发髻处，做发饰。

8 揉几个金黄色黏土球，并排粘贴在发髻侧面，做发饰。

9 揉一个深蓝色黏土球粘贴在人物后脑底部，并稍稍压扁做成发绳。

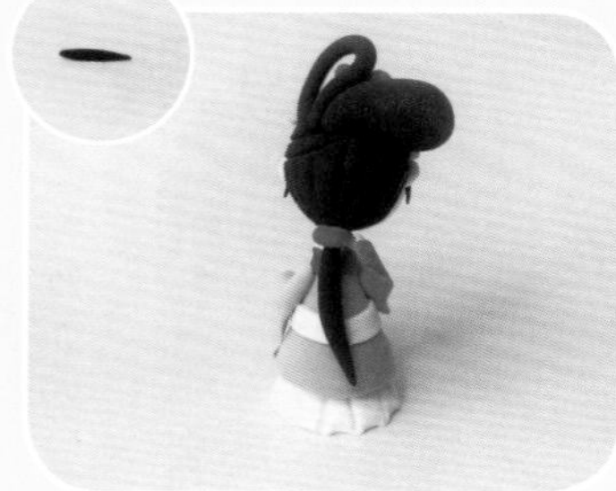

10 搓一根一头尖的黑色黏土条，粘贴在发绳底端，做成发辫。

11 揉一个深蓝色小黏土球，粘贴在右侧鬓发下端。

12 搓一根黑色细黏土条，粘贴在右侧鬓发下端，并调整鬓发垂落的造型。

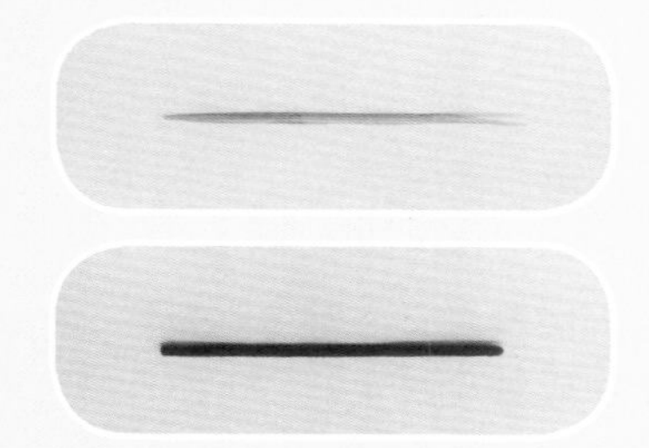

13 取一根牙签，并用褐色黏土包裹牙签，做成锄头柄。

14 将灰色黏土片用刀形工具裁切成梯形，做锄头。

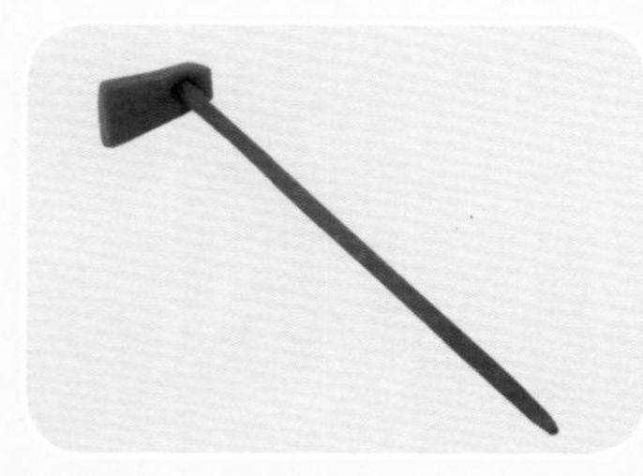

15 将做好的锄头与柄固定。

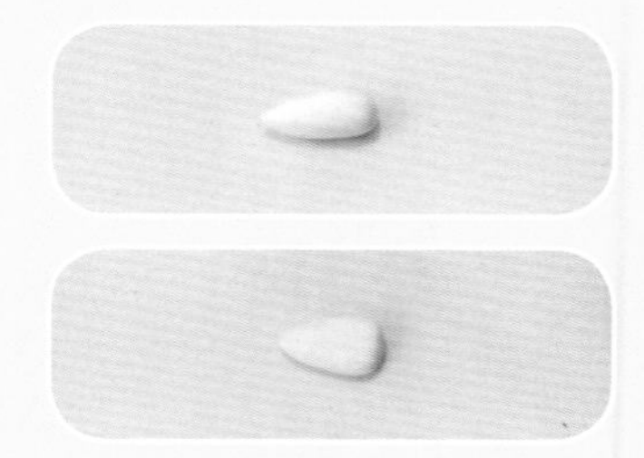

16 取白色黏土少许，揉成水滴状并稍稍压扁，做花囊。

组 合

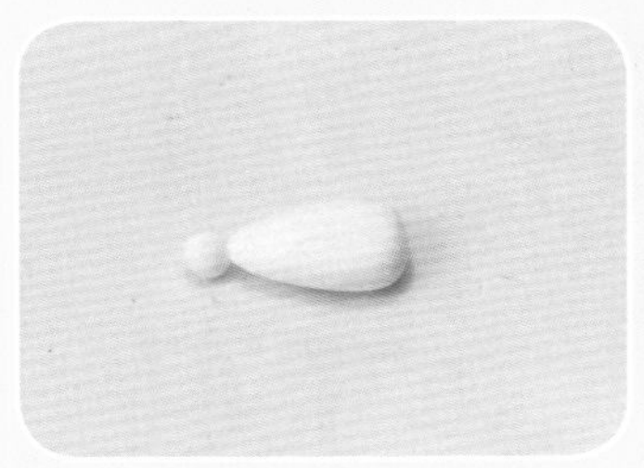

17 揉一个白色黏土球，粘贴在花囊顶端。

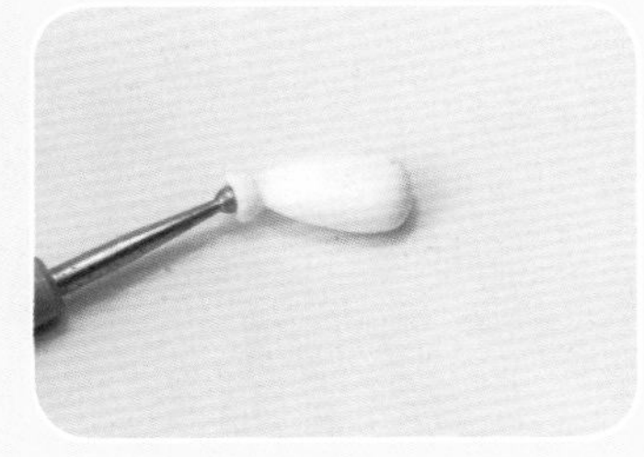

18 用圆头工具将黏土球压出凹陷，做花囊袋口。

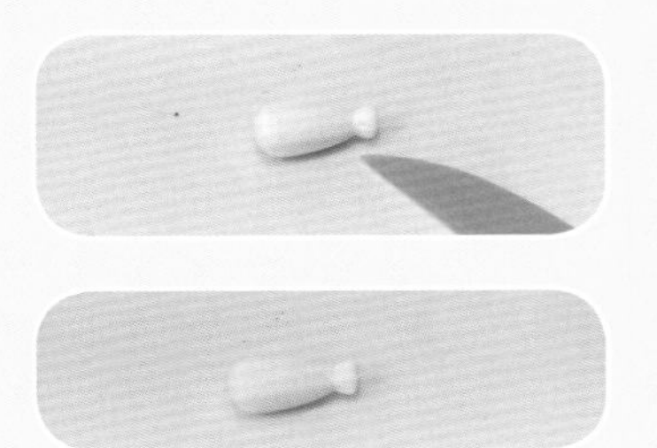

19 用刀形工具在花囊袋口的边缘划出纹理。

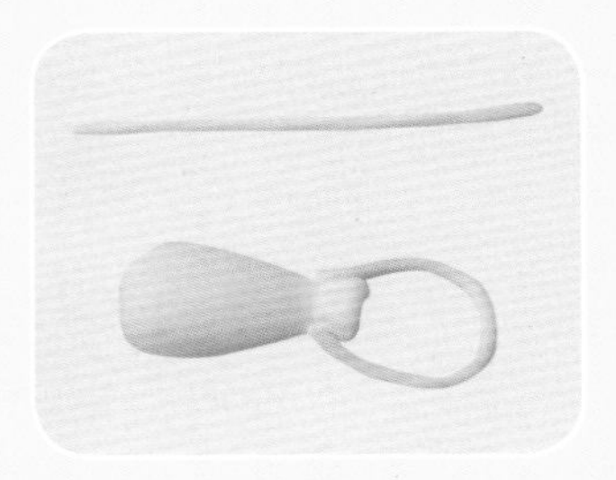

20 搓一根白色细黏土条，并将两端粘贴在袋口的两侧。

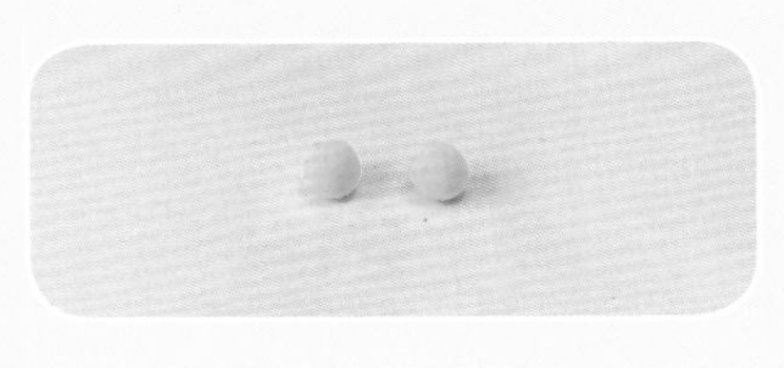

21 揉两个粉色黏土球，粘贴在脸颊两侧，压扁后做腮红。再将做好的锄头和花囊组合，固定在左臂处。

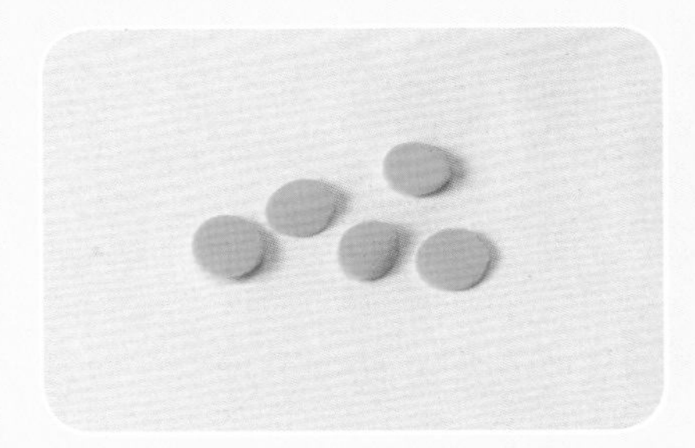

22 揉若干粉色黏土球，压成圆形薄片做花瓣。

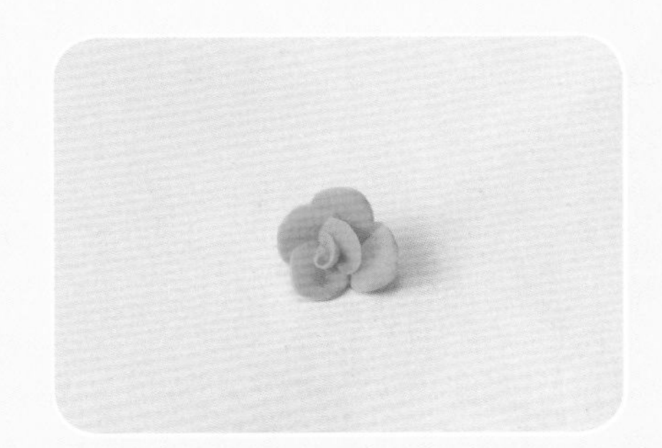

23 将做好的花瓣组合起来做成花朵。

24 将做好的花朵粘在右手。

7 巧姐

留余庆，
留余庆，
忽遇恩人。

头　部

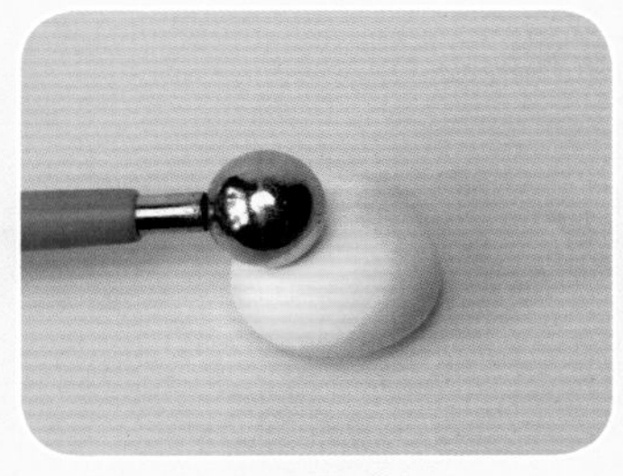

1 揉一个肤色黏土球用手指稍稍压扁。

2 用圆头工具在黏土球中间偏上的位置压出眼窝。

3 搓肤色水滴状黏土，做鼻子。

4 将鼻子粘贴在脸部的中间。

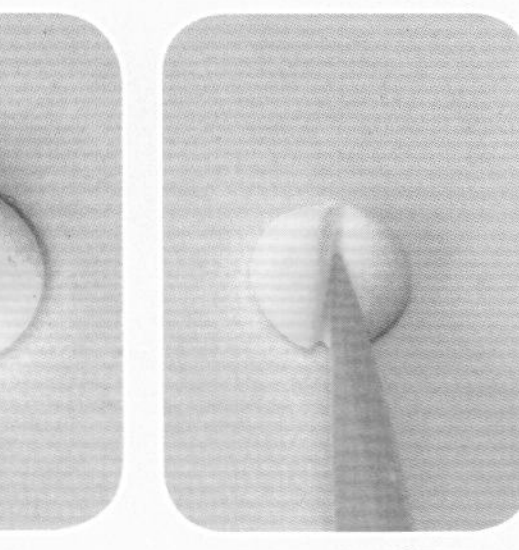
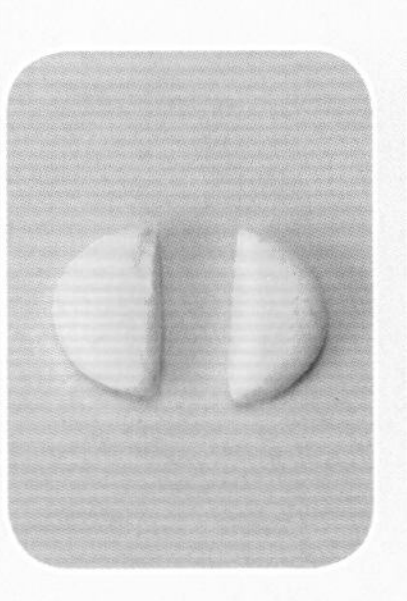
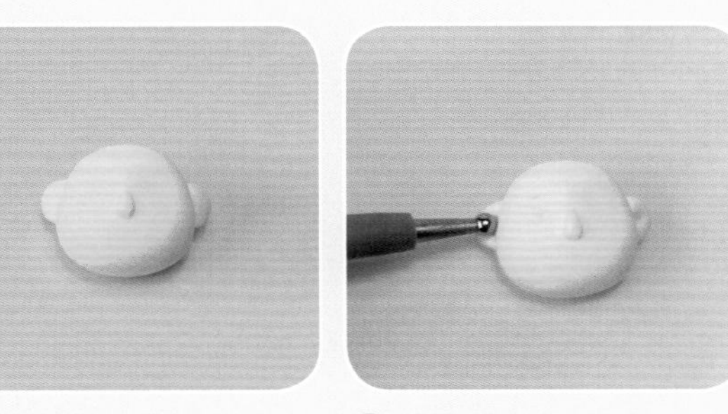

5 揉肤色黏土球轻压成圆片。

6 用刀形工具将黏土片从中间切成两个半圆形片。

7 把半圆形片粘贴在头的两侧，做耳朵。

8 用圆头工具在耳朵上轻轻压一下，做耳朵的轮廓。

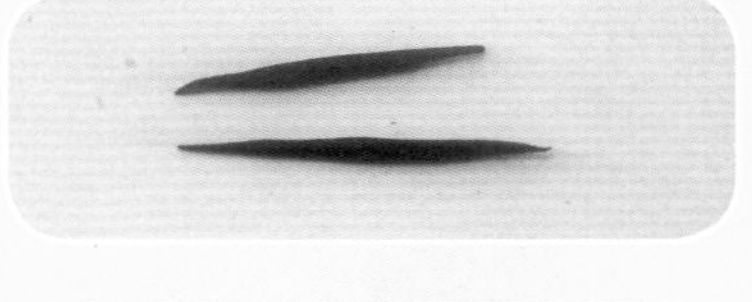

9 准备黑色黏土轻压成稍厚的黏土片。

10 将黑色黏土片包裹在后脑勺处，做头发，再用刀形工具在头发上划出发丝的纹理。

11 搓两根黑色梭形黏土条做眉毛，揉两个黏土球做眼睛。

头 部

⑫ 将做好的眉毛粘贴在眉弓处，眼睛粘贴在眼窝处。

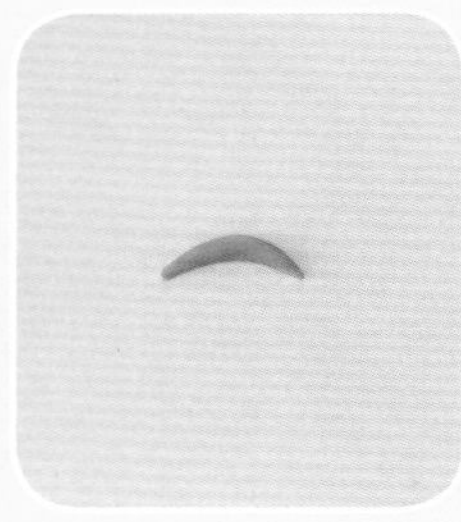

⑬ 将红色梭形黏土，弯成月牙状。

⑭ 将做好的月牙粘贴在鼻子下方做嘴巴。

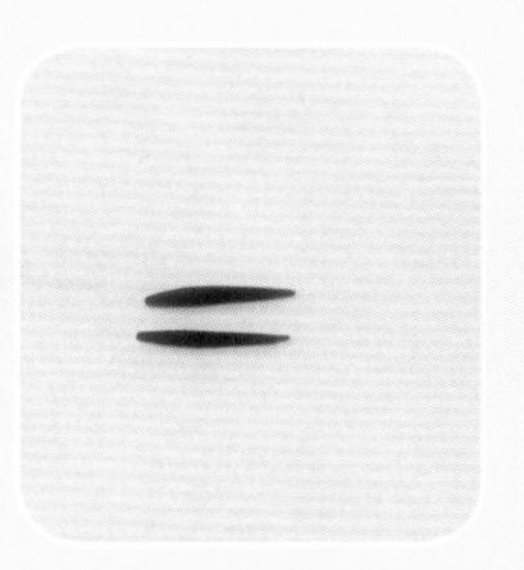

⑮ 搓两根两头尖的黑色细黏土条，做鬓发。

⑯ 将鬓发粘贴在两鬓。

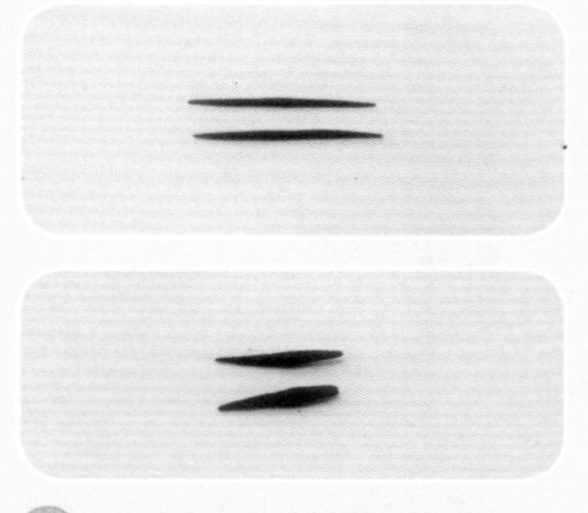

⑰ 搓两根黑色细长黏土条和两根小黏土条，做刘海。

⑱ 将刘海沿发型中缝粘贴（像帘子一样）。

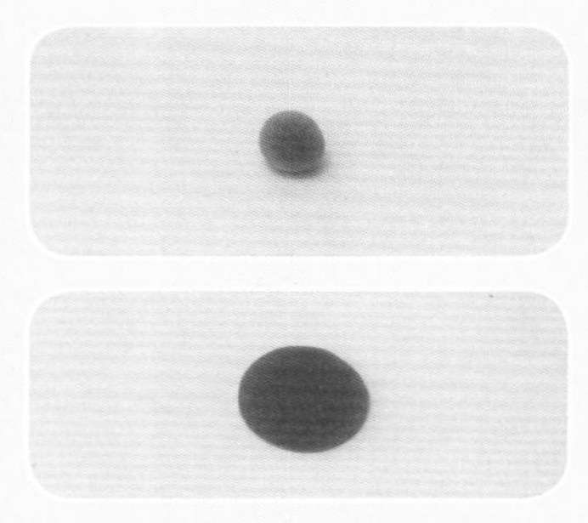

⑲ 将紫色黏土球压成圆形黏土片。

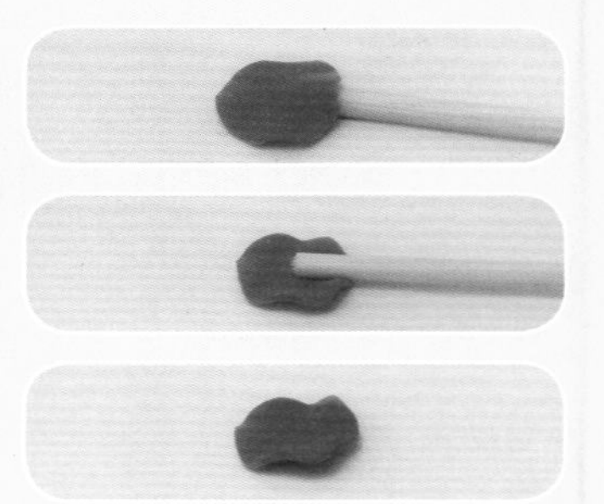

⑳ 用一根筷子（其他的细棒状物体均可），将圆片边缘压成波浪状，做头巾。

㉑ 将做好的头巾粘贴在头顶。

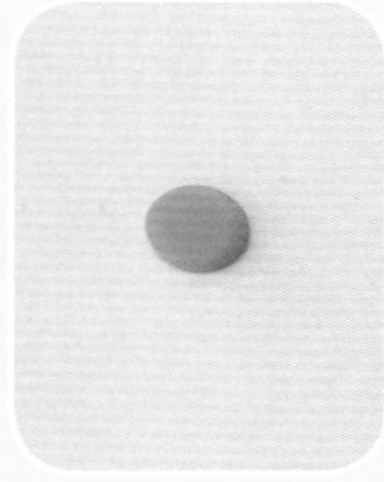

㉒ 揉一个红色黏土球并压扁。

㉓ 将红色黏土片粘贴在头巾顶部，做发绳。

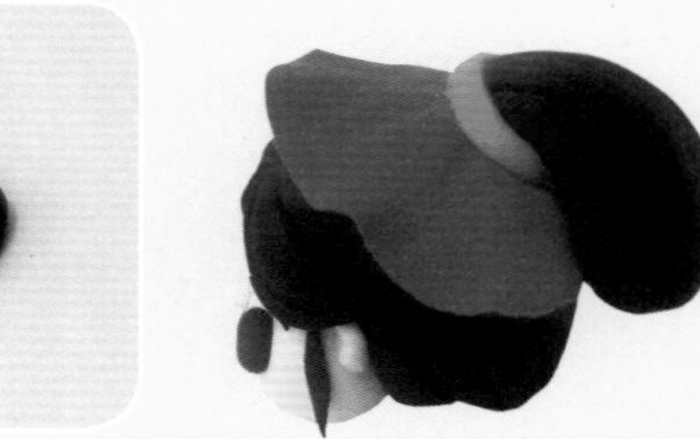

㉔ 取黑色黏土，捏成水滴状后轻轻压扁，做后脑发髻，并粘贴在发绳上。

身 体

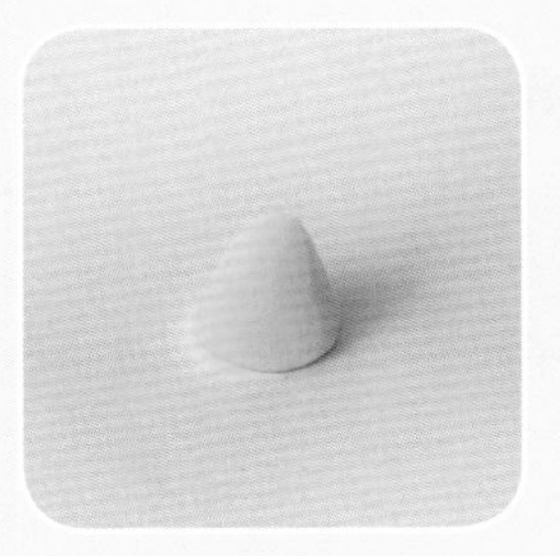

❶ 取粉色黏土捏成锥形。

❷ 用刀形工具的刀背在锥形表面划出裙摆衣褶。

❸ 取深蓝色黏土，捏成锥形。

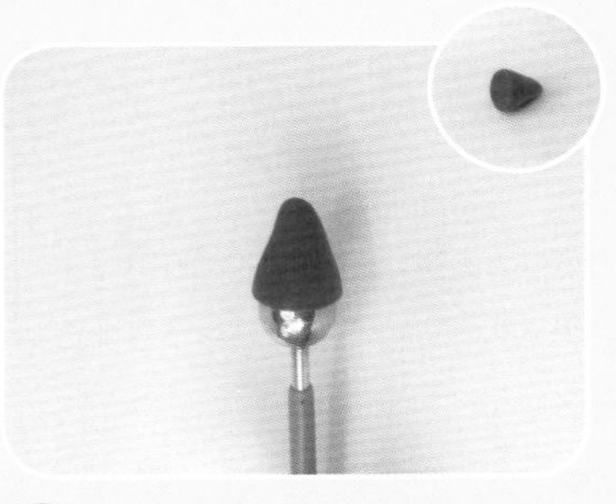

❹ 用圆头工具在锥形底部压出凹陷，做上衣。

❺ 揉一个粉色黏土球。

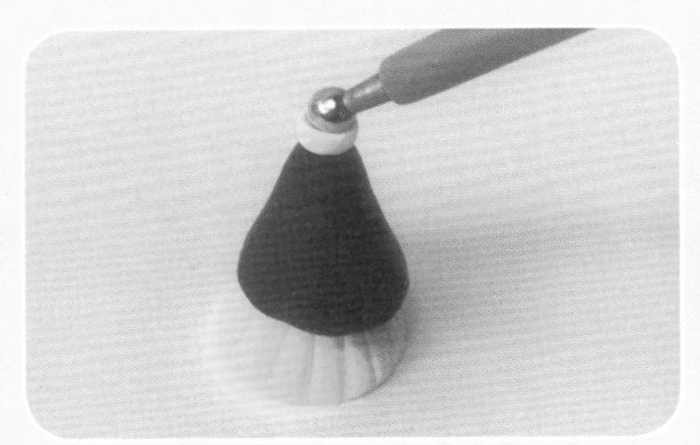

❻ 将黏土球粘贴在上衣顶端并轻压出凹陷，做上衣衣领。

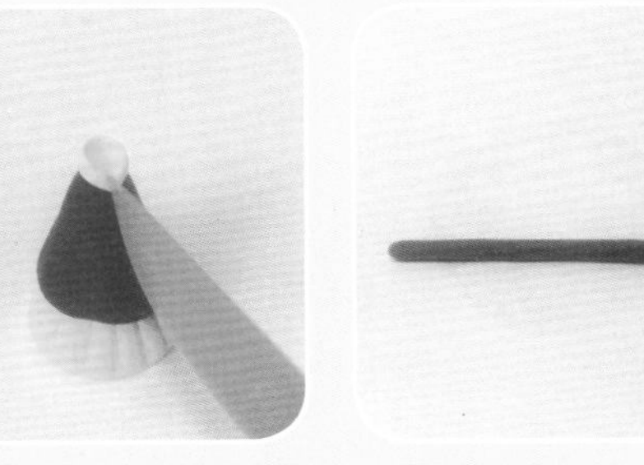

❼ 用刀形工具在衣领处向下划开，调整衣领造型。

❽ 搓一根浅褐色黏土条。

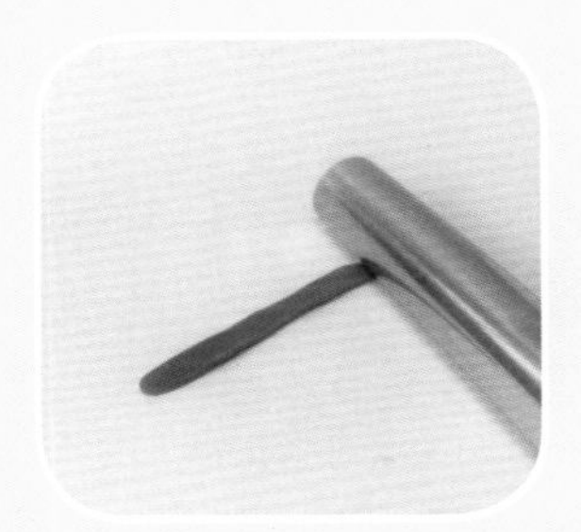

❾ 将浅褐色黏土条用擀泥棒压成长条形黏土片。

❿ 将浅褐色黏土片围着脖领粘贴，做上衣交领。

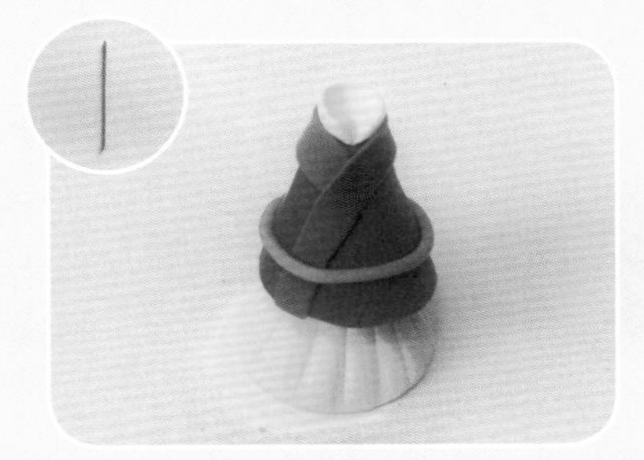

⓫ 搓一根红色黏土条，将红色黏土条围着腰部粘贴一圈，做绦带。

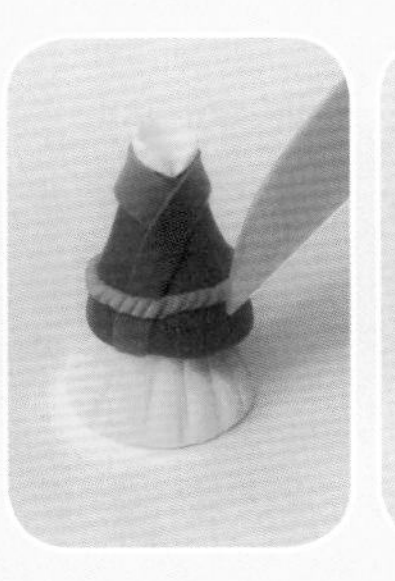

⓬ 用刀形工具在红色绦带上划一圈竖条纹理。

身　体

13 搓四根红色细黏土条，将其中两根黏土条的两端粘贴，做绳结。

14 将绳结和剩下的黏土条粘贴，做一个完整的蝴蝶结。

15 将蝴蝶结粘贴在绦带侧边。

16 揉一个深褐色黏土球，用圆头工具压出凹陷，做筐子。

17 在筐子内部粘贴些白色小圆球做米粒。

18 将做好的小筐子粘贴在腰部侧面。

19 搓两根同等大小的水滴状黏土条。

20 用圆头工具将黏土条底部压出凹陷，做手臂。

21 将手臂粘贴在身体两侧，并调整角度。注意其中一条手臂粘贴时靠近小筐子。

22 揉一个肤色黏土球。

23 将肤色黏土球粘贴在衣领处做脖子。

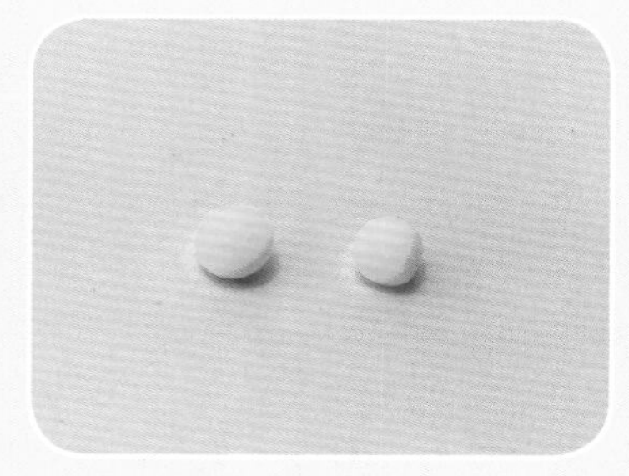

24 揉两个肤色黏土球。

25 将黏土球粘贴在袖口做手。

组　合

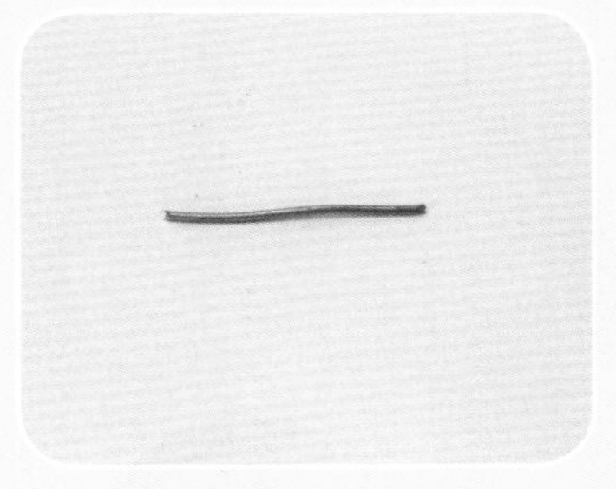

1 取一段铁丝，插入脖领处，并留出一段用于固定头部。

2 将已干的头部固定在脖子上并调整好角度。

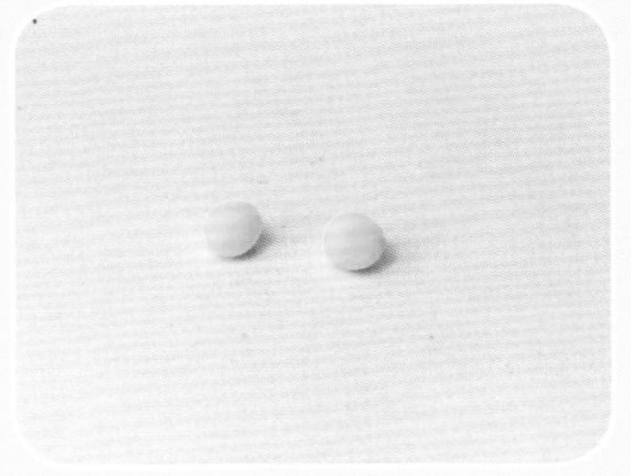

3 揉两个粉色黏土球。

4 将两个圆球压扁后粘贴在脸颊两侧，做腮红。

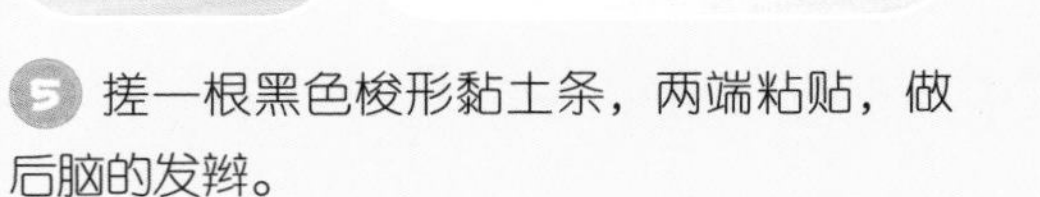

5 搓一根黑色梭形黏土条，两端粘贴，做后脑的发辫。

6 揉一个红色黏土球。

7 将黏土球粘贴在后脑，并稍稍压扁做成发绳，并将水滴状发辫粘贴在发绳下面。

组 合

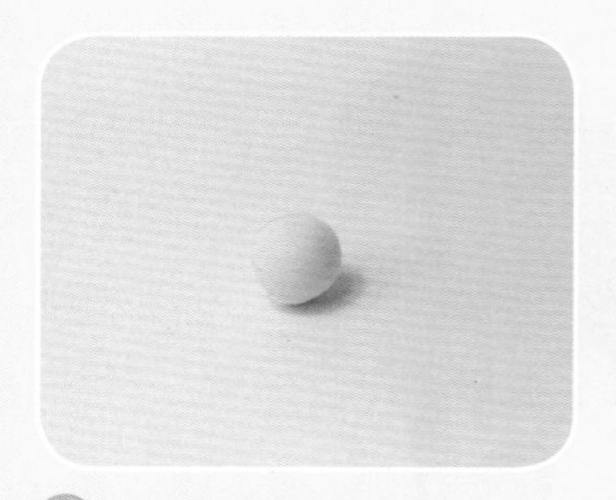

8 揉一个黄色黏土球。

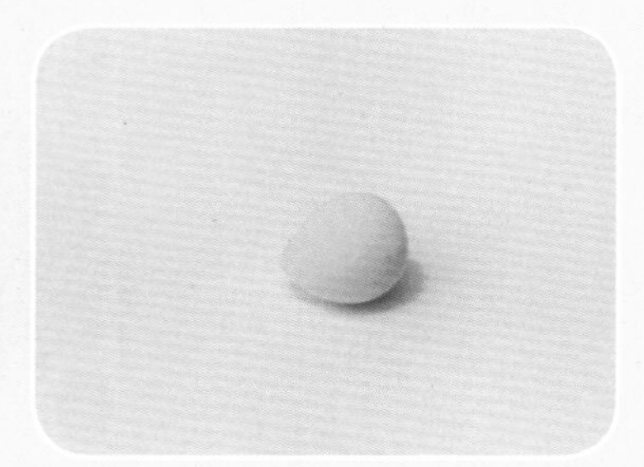

9 一头用手指捏扁，做小鸡的尾巴。

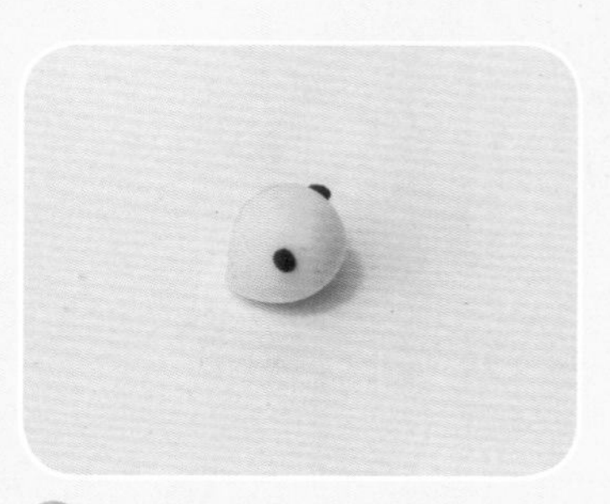

10 揉两个黑色小黏土球，粘贴在小鸡头部做眼睛。

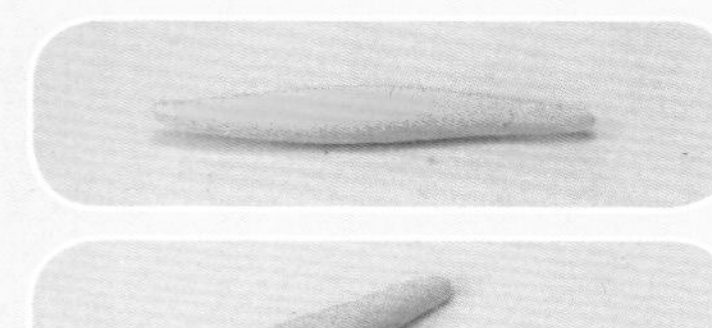

11 取深黄色黏土少许，搓成长纺锤状，中间对折，做小鸡尖尖的嘴。

12 将做好的嘴粘贴在两只眼睛的中间。

13 准备两个黄色圆形黏土片，粘贴在小鸡身体的两侧，用刀形工具划出几条纹路做小鸡的翅膀。

14 准备大小不一的白色黏土球，做米粒，并撒在小鸡周围。可以多做几只小鸡，摆放在人物周围。

8 秦可卿

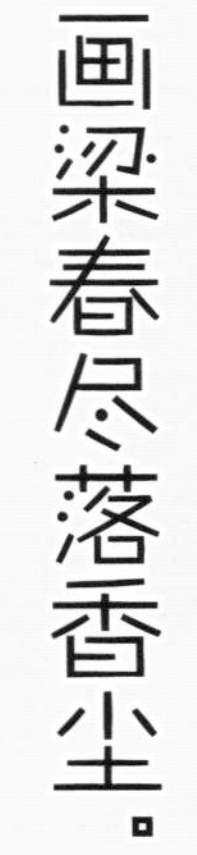

头 部

① 揉一个肤色黏土球用手指稍稍压扁。

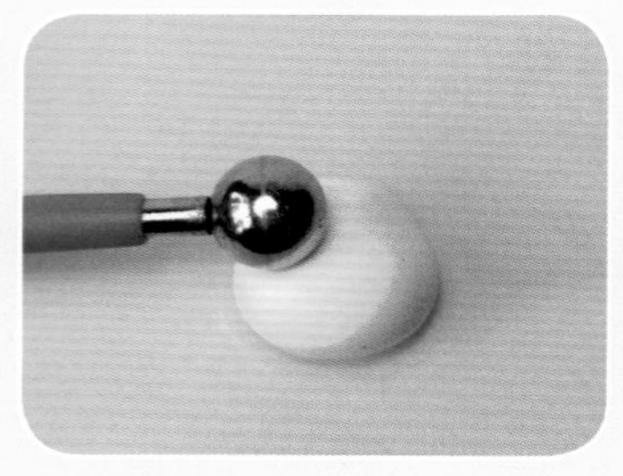

② 用圆头工具在黏土球中间偏上的位置压出眼窝。

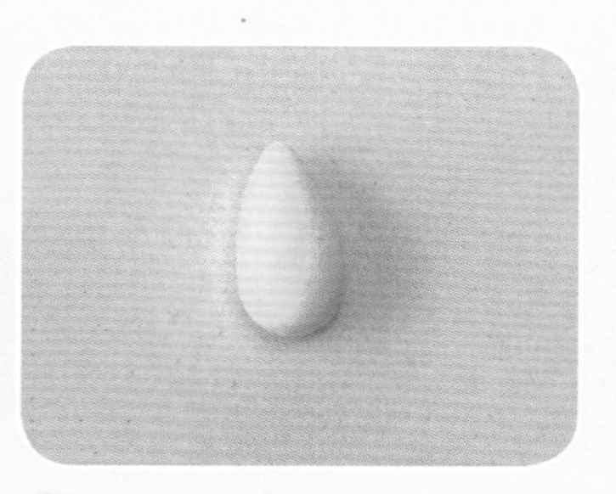

③ 搓一个肤色水滴状黏土做鼻子。

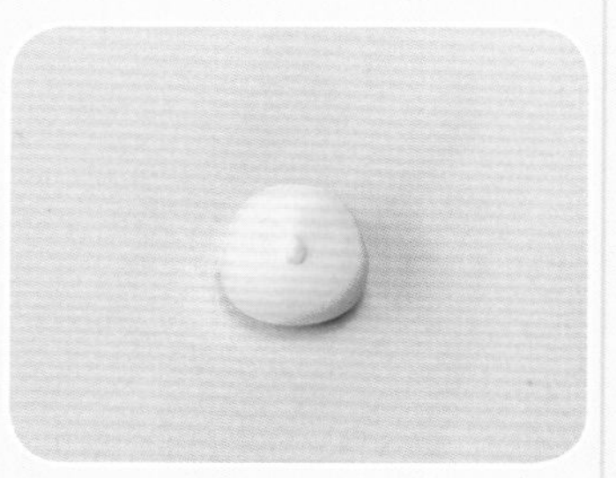

④ 将鼻子粘贴在脸部的中间。

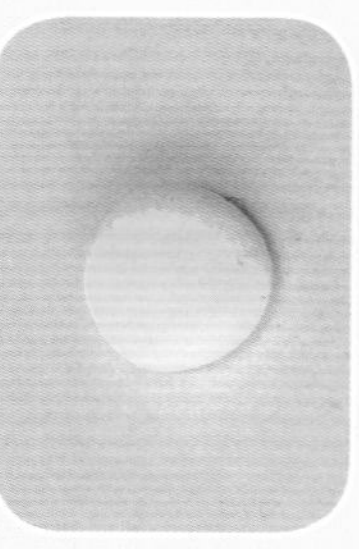

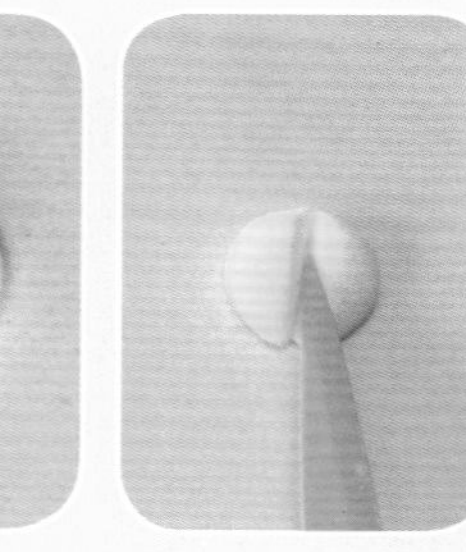

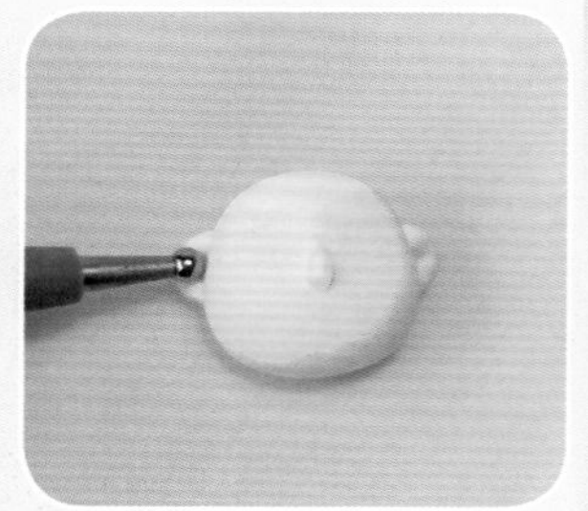

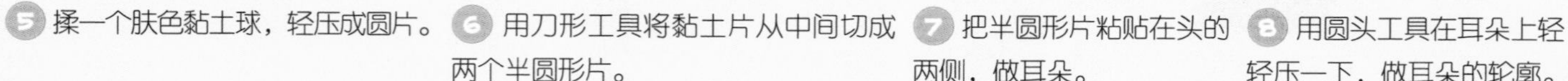

⑤ 揉一个肤色黏土球，轻压成圆片。

⑥ 用刀形工具将黏土片从中间切成两个半圆形片。

⑦ 把半圆形片粘贴在头的两侧，做耳朵。

⑧ 用圆头工具在耳朵上轻轻压一下，做耳朵的轮廓。

⑨ 取黑色黏土，轻压成稍厚的黏土片。

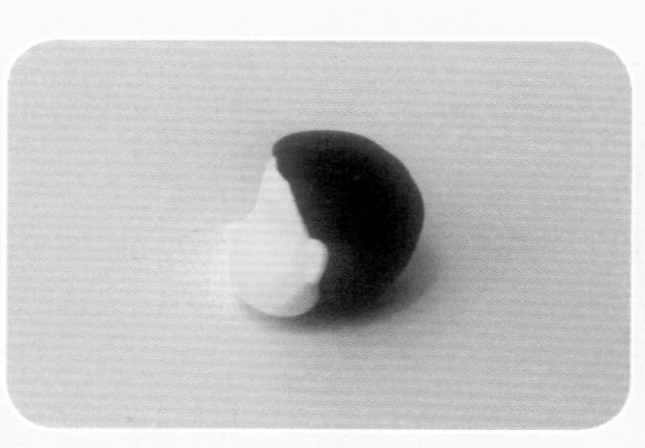

⑩ 将黑色黏土片包裹在后脑勺处，做头发。

⑪ 用刀形工具在头发上划出发丝的纹理。

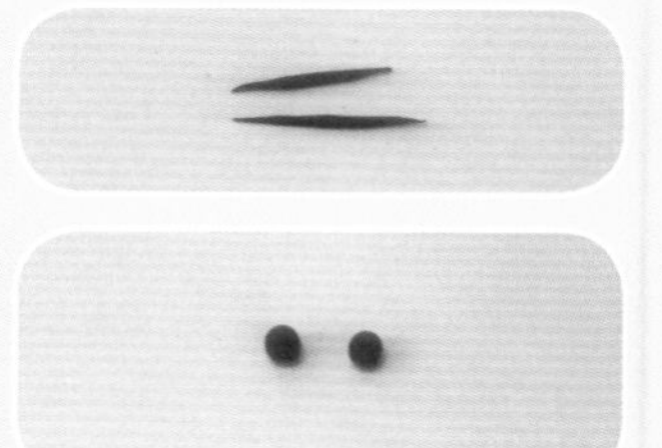

⑫ 搓两根黑色梭形黏土条做眉毛，两个球做眼睛。

头部

⑬ 将做好的眉毛粘贴在眉弓处，并将眼睛粘贴在眼窝处。

⑭ 搓一根梭形红色黏土条，并弯折成月牙状。将月牙状黏土粘贴在鼻子下方做嘴巴。

⑮ 搓两根黑色细黏土条，做鬓发。将做好的鬓发粘贴在两鬓。

⑯ 搓四根两头尖的黑色黏土条，两头粘贴后做四个水滴形状结绳，再相对粘贴，组成花形的发髻。

⑰ 将做好的花形发髻粘贴在后脑勺处。

身体

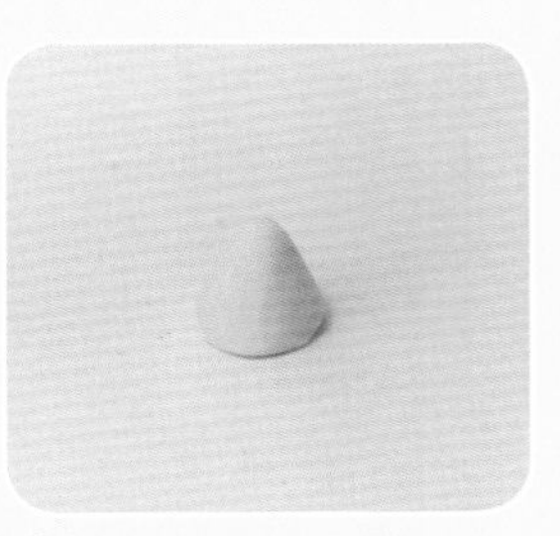

① 取黄色黏土捏成锥形。

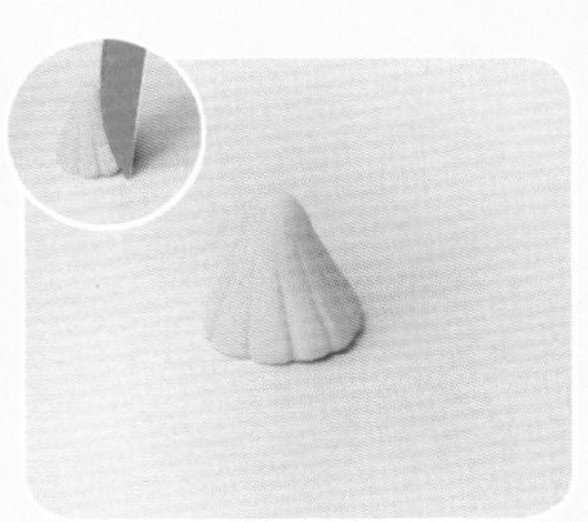

② 用刀形工具在锥形表面划出竖条纹理，做裙摆。

③ 取白色黏土捏成锥形。

④ 用圆头工具将锥形底部压出凹陷，做衣服。

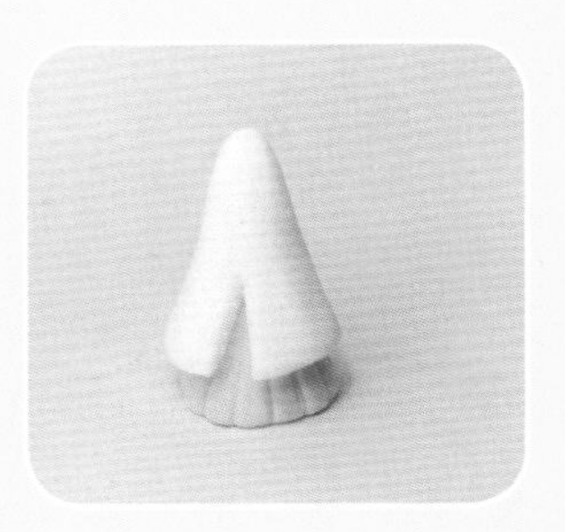

⑤ 用剪刀在上衣边缘剪开至上衣 1/2 处。

⑥ 将做好的上衣和裙摆粘贴。

身 体

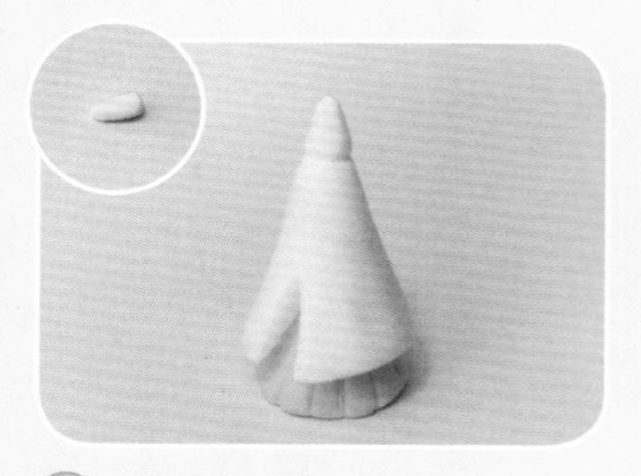

7 搓肤色水滴状黏土条，粘贴在上衣的顶端做脖子。

8 搓一根金黄色长黏土条。

9 用擀泥棒将黏土条压成长条形黏土片，用剪刀修剪整齐。用同样的方法再做一条。

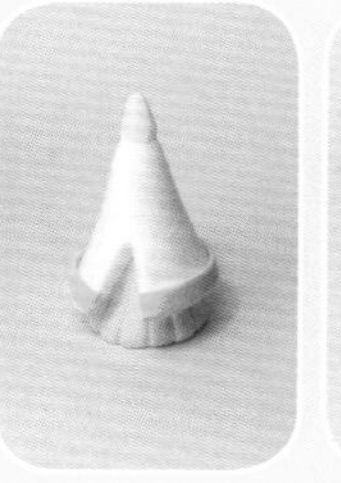

10 将其中一条黏土片沿着衣摆边缘粘贴一圈，另一条沿着脖子粘贴做交领。

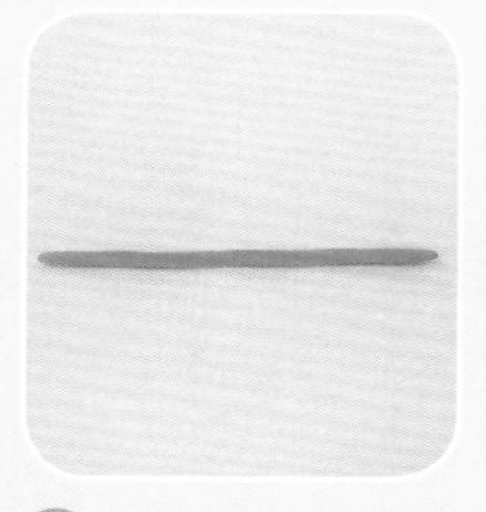

11 搓一根红色细黏土条。

12 将黏土条围着上衣中间粘贴一圈做绦带。

13 搓四根红色细黏土条。

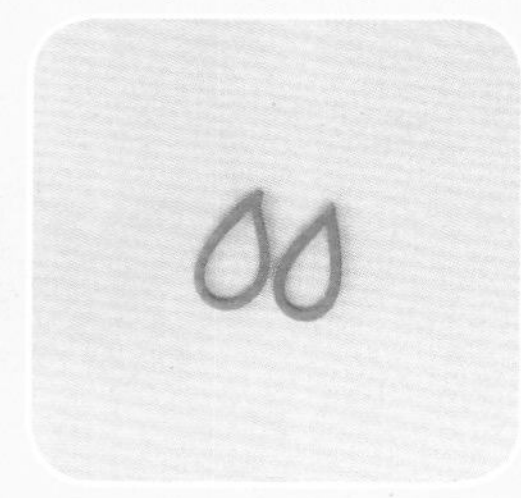

14 将其中两根的两头粘贴，做两个水滴状绳结。

15 将做好的结与剩下的两根细黏土条粘贴，做成一个完整的蝴蝶结。

16 将做好的蝴蝶结粘贴在绦带上。

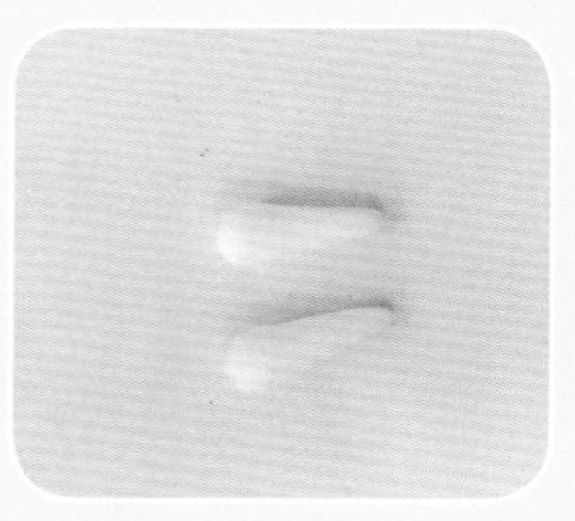

17 搓两根水滴状白色黏土条，做手臂。

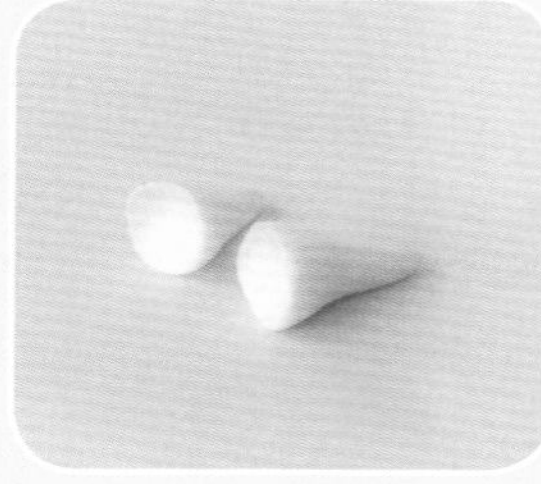

18 用圆头工具在黏土条底部压出凹陷。

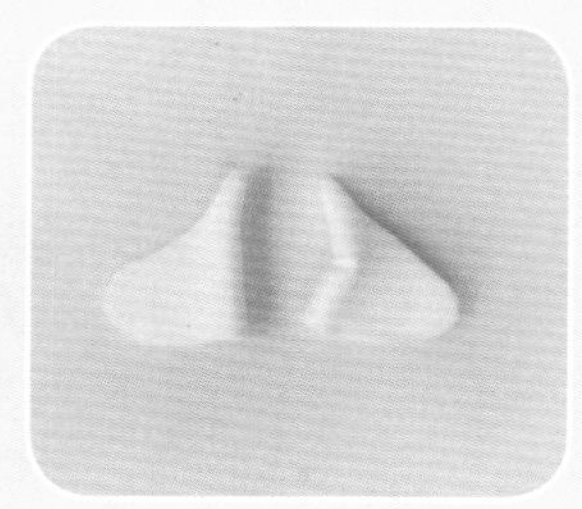

19 将手臂的一端用手指压扁，做袖摆；并将手臂弯折调整角度。

20 将做好的手臂粘贴在身体的两侧，并适当调整角度。

组 合

1 将之前做好的头用铁丝固定。

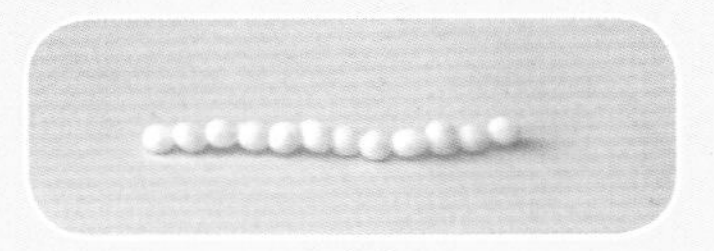

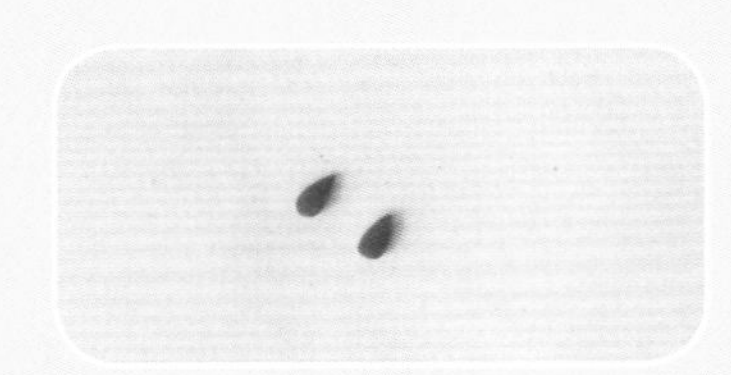

2 揉若干大小相同的白色黏土球，粘贴成串做发饰和额饰；再搓两个蓝色水滴状黏土做额饰。

3 将做好的发饰和额饰组合，装饰在头发上和额头处。

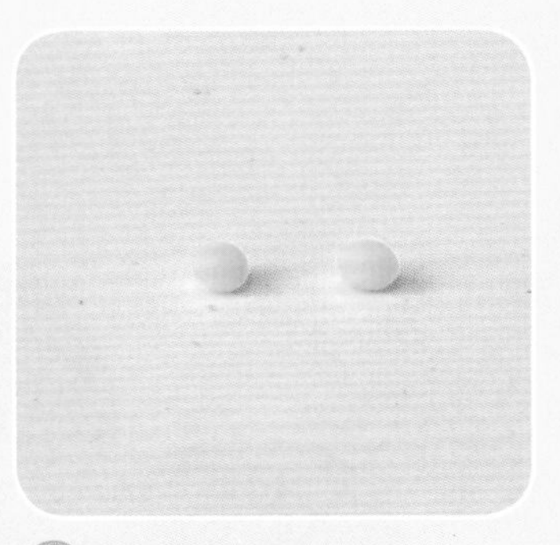

4 揉两个粉色黏土球。

5 将粉色黏土球粘贴在脸颊上，压扁后做腮红。

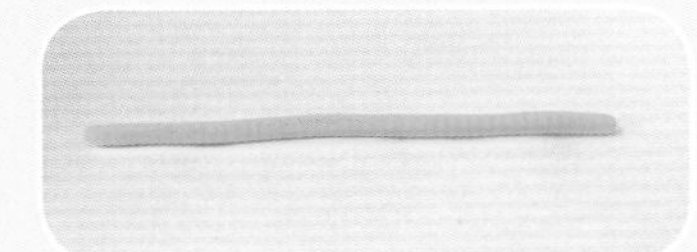

6 搓一根深粉色黏土条。

7 用擀泥棒将黏土条压成长条形黏土片。

8 将黏土片绕过手臂围在人物身后，做成披帛。

9 王熙凤

一双丹凤三角眼，
两弯柳叶吊梢眉。

椅子 · 头部

1 取褐色黏土搓成长方形。

2 搓四根两长两短的褐色黏土条。

3 将做好的黏土条按照中间长两边短的顺序粘贴在长方形黏土上，做椅背。

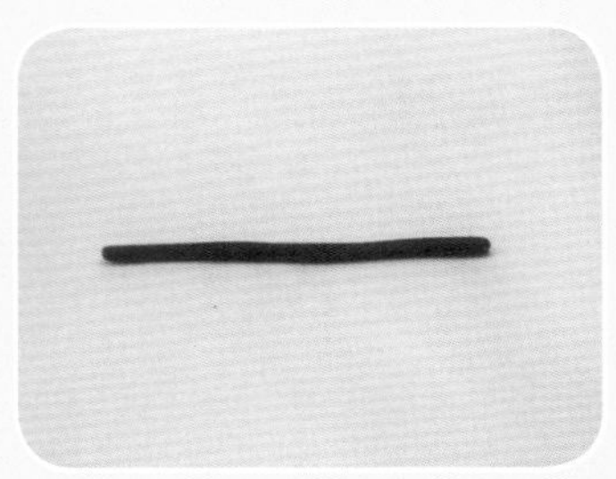

4 搓一根褐色长黏土条。

5 将长黏土条沿椅子的边粘贴，做椅子的扶手。

6 揉一个肤色黏土球并用手指稍稍压扁。

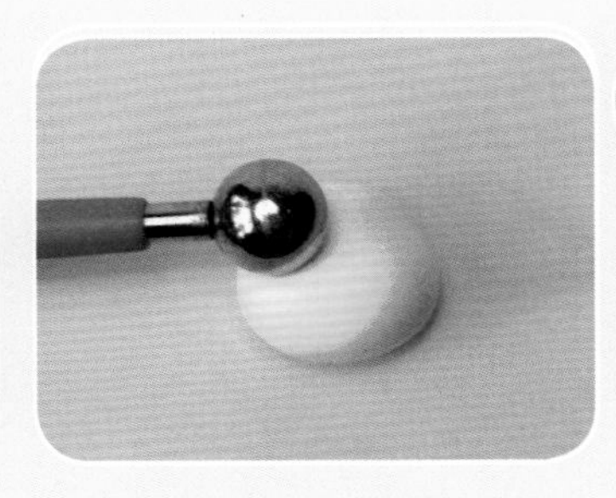

7 用圆头工具在黏土球中间偏上的位置压出眼窝。

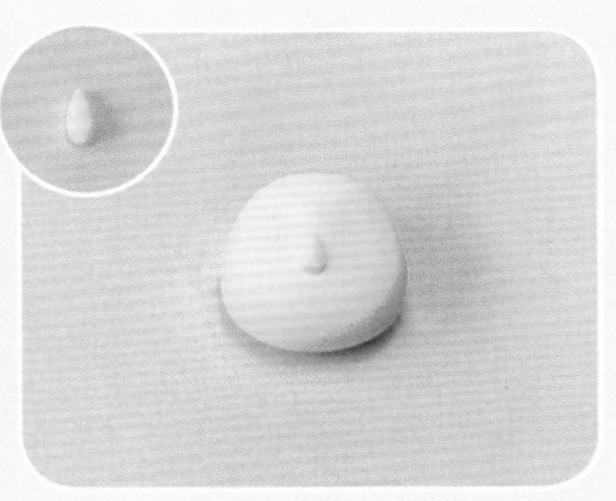

8 搓一个肤色水滴状黏土做鼻子，将鼻子粘贴在脸部的中间。

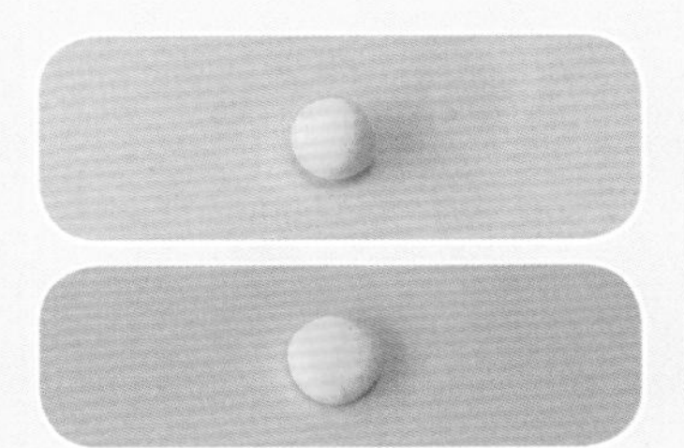

9 揉一个肤色黏土球，并轻压成圆片。

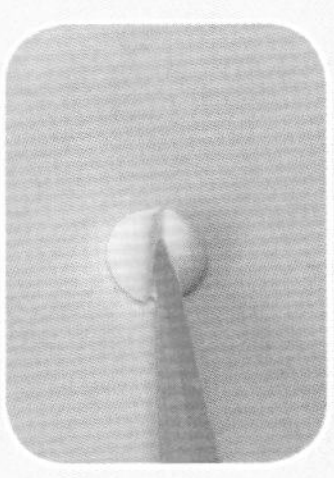

10 用刀形工具将黏土片从中间切成两个半圆形片。

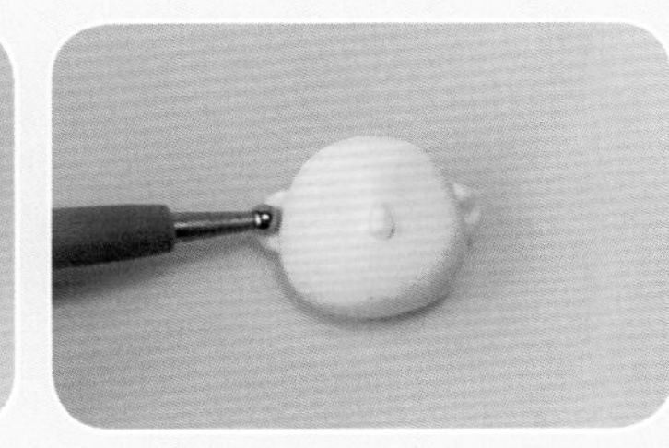

11 把半圆形片粘贴在头的两侧，做耳朵。在耳朵上轻轻压一下，做耳朵的轮廓。

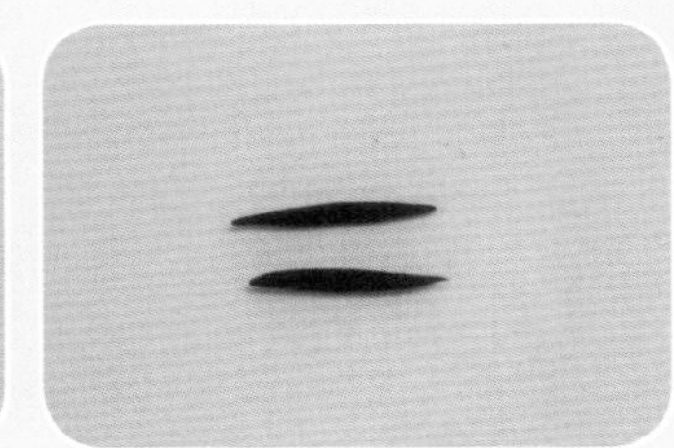

12 搓两根梭形黑色黏土条做眉毛。

头　部

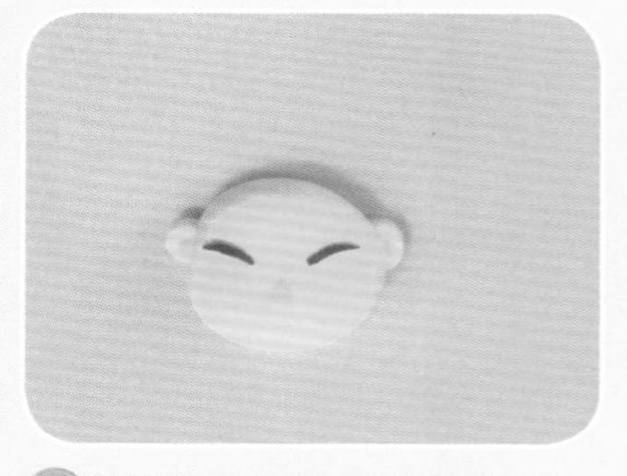

13 将做好的眉毛粘贴在眉弓处，注意眉梢向上挑。

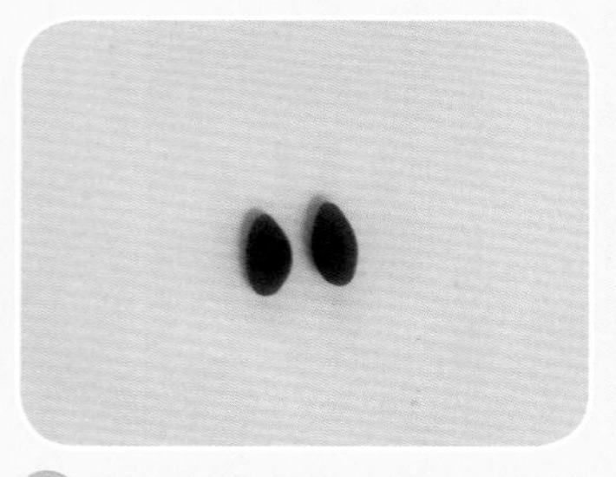

14 取少许黑色黏土做两个两头稍尖的眼睛。

15 将做好的眼睛粘贴在眼窝处。

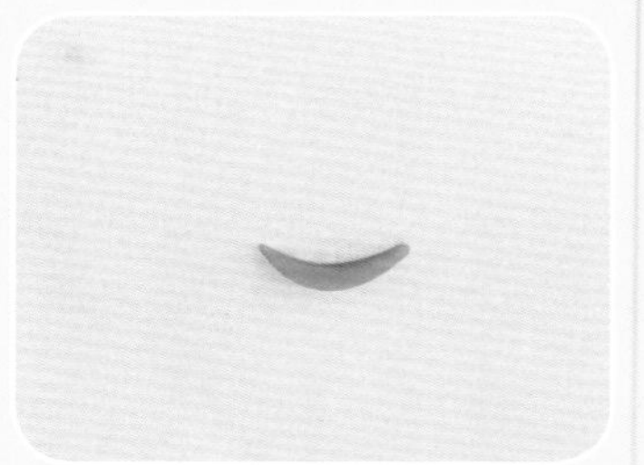

16 取少许红色黏土搓成月牙状，做嘴巴。

17 将做好的嘴巴粘贴在鼻子下方，可以稍歪。

18 将黑色黏土片包裹在后脑勺处，并用刀形工具划出发丝的纹理。

19 搓两根两头尖的黑色细黏土条，做鬓发，并粘贴在两鬓。

20 搓一根两头稍尖的浅褐色梭形黏土条。

21 将梭形黏土条沿着额头粘贴到后脑，并稍稍压扁。

22 用镊子在其表面制作绒毛，做半边抹额。

23 重复上述步骤做成另半边抹额。

24 分别揉白色和红色黏土球，重叠着粘贴在抹额中间，做抹额装饰。

头 部

25 搓两根黑色黏土条。

26 两头粘贴做两个水滴状发髻。

27 将做好的发髻粘贴在后脑。

身 体

1 取蓝色黏土捏成锥形。

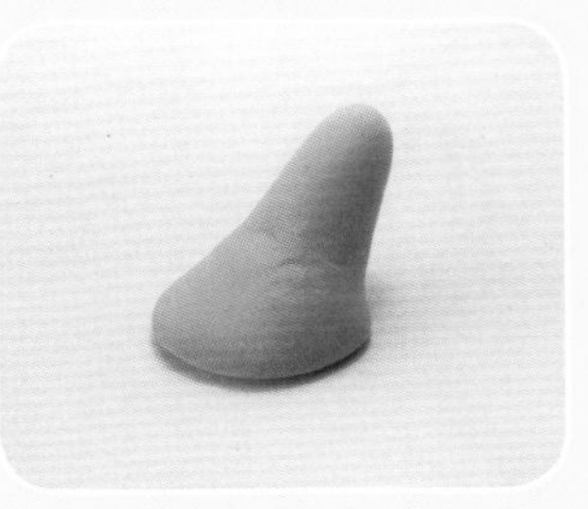

2 将做好的锥形向一边轻压成倾斜状，做身体。

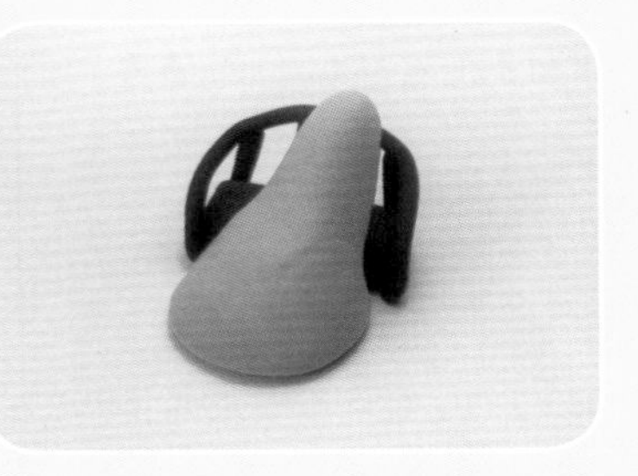

3 将做好的身体靠在椅子上，并适当调整角度。（不要和椅子粘住）

4 用刀形工具在下半身划出裙子的衣褶。

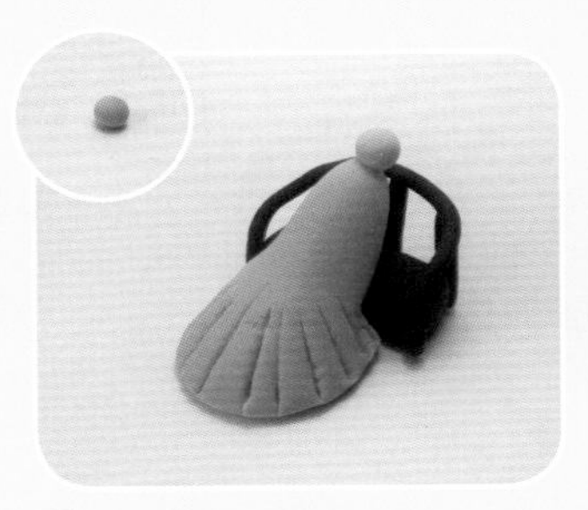

5 将蓝色黏土球粘贴在上衣顶部，做衣领。

6 用圆头工具压出凹陷，做出衣领形状，用刀形工具在衣领处向下划开再调整衣领造型。

7 用剪刀将红色黏土片裁剪成梭形。

8 将黏土片围着身体粘贴，做外套。

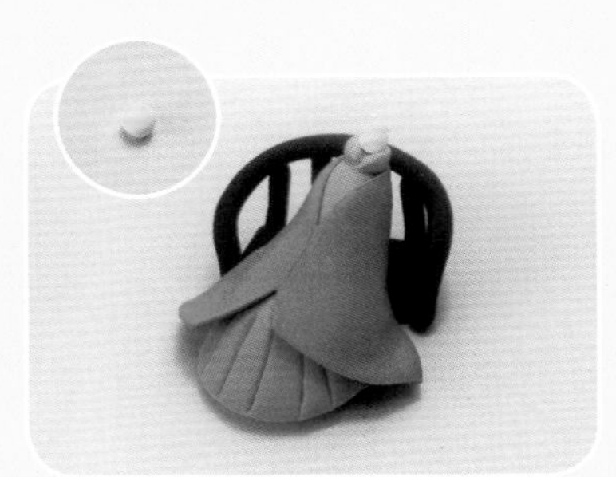

9 揉一个肤色黏土球，粘贴在脖领处，做脖子。

身体

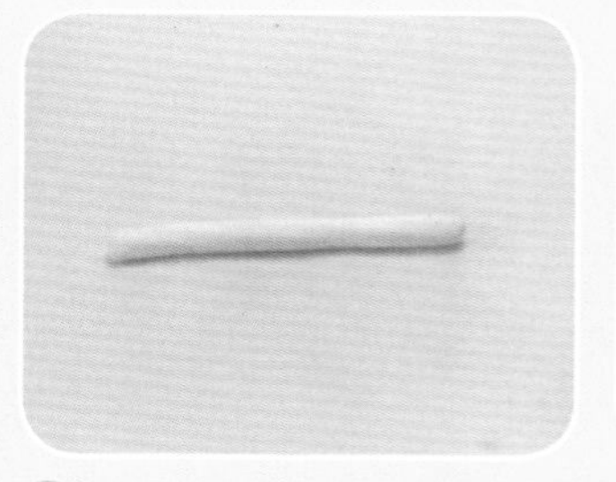

⑩ 搓一根白色黏土条，围着红色外套衣领处粘贴。

⑪ 用镊子在白色黏土条表面夹出绒毛，做半边绒毛领。

⑫ 重复上述步骤做好另外半边绒毛衣领。

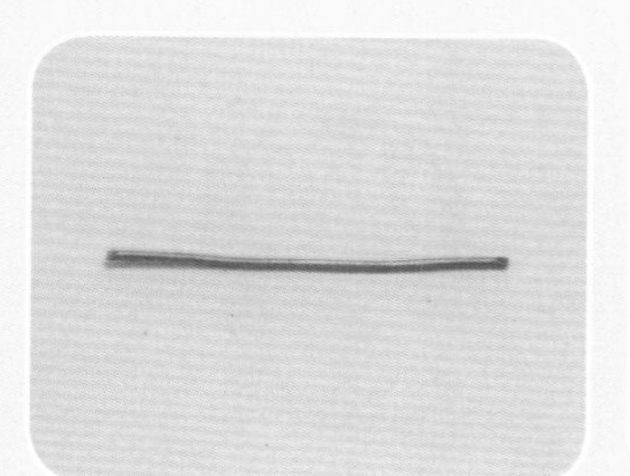

⑬ 取一段铁丝，并将铁丝插入脖子，并留出一段用于固定头部。

组合

① 将做好的头部固定到脖子上，并适当调整角度。

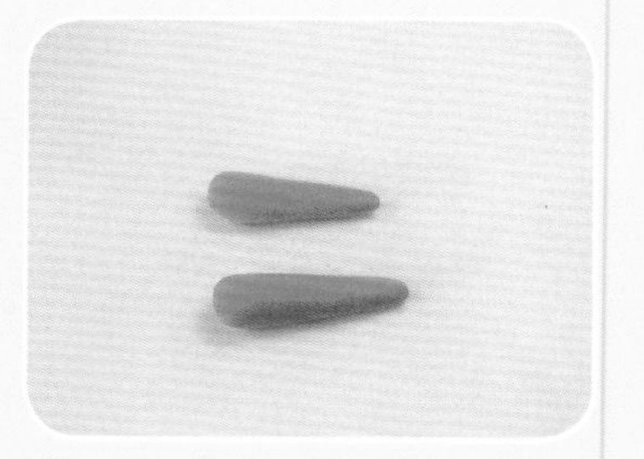

② 搓两根红色水滴状黏土条作为手臂。

③ 用圆头工具在黏土条底部压出凹陷，做袖口。

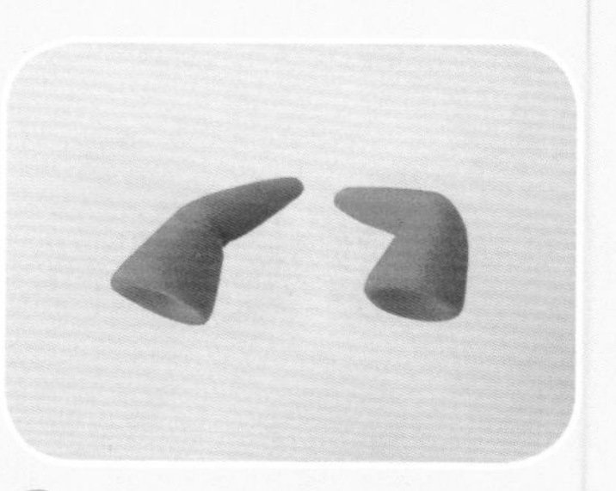

④ 将做好的手臂弯折并调整角度。

⑤ 将做好的手臂粘贴在身体两侧，并调整好角度。

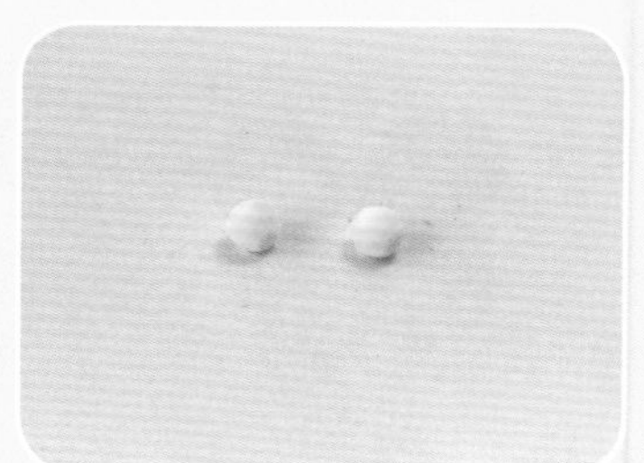

⑥ 揉两个肤色黏土球。

组　合

⑦ 将两个黏土球粘贴在袖口处做手。

⑧ 揉一个浅蓝色黏土球稍稍压扁，做手炉。

⑨ 将做好的手炉粘贴在右手。

⑩ 揉两个粉红黏土球，压扁后粘贴在脸颊两侧，做腮红。

10

薛宝钗

唇不点而红，
眉不画而翠，
脸若银盆，
眼如水杏。

头 部

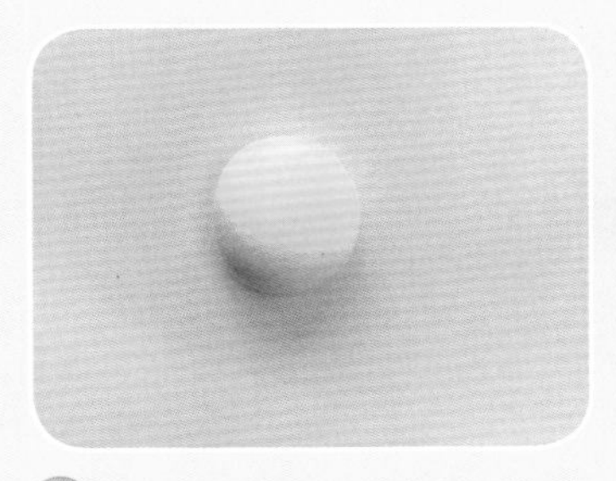

1 揉一个肤色黏土球用手指稍稍压扁。

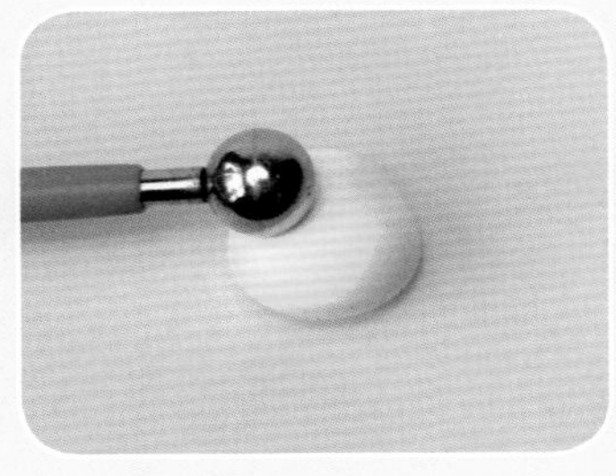

2 用圆头工具在黏土球中间偏上的位置压出眼窝。

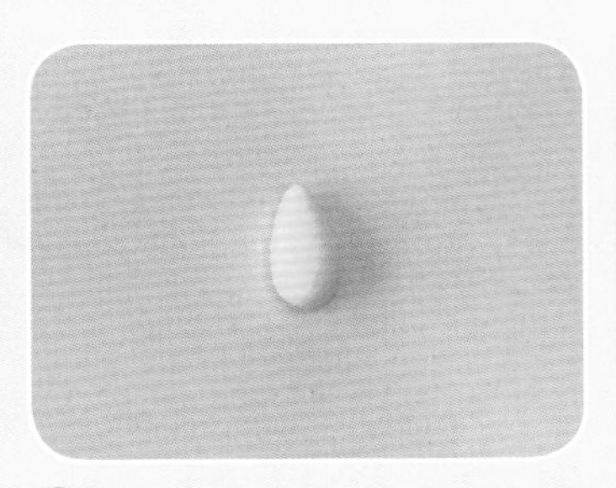

3 搓一个肤色水滴状黏土做鼻子。

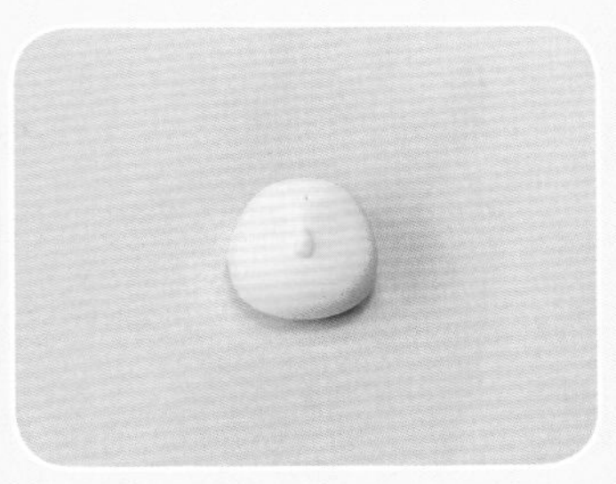

4 将鼻子粘贴在脸部的中间。

5 揉一个肤色黏土球，轻压成圆片。

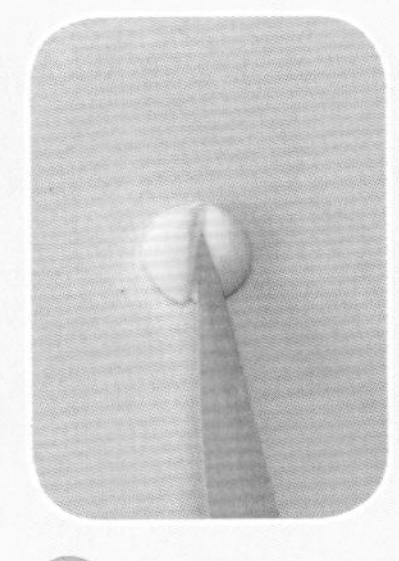

6 用刀形工具将黏土片从中间切成两个半圆形片。

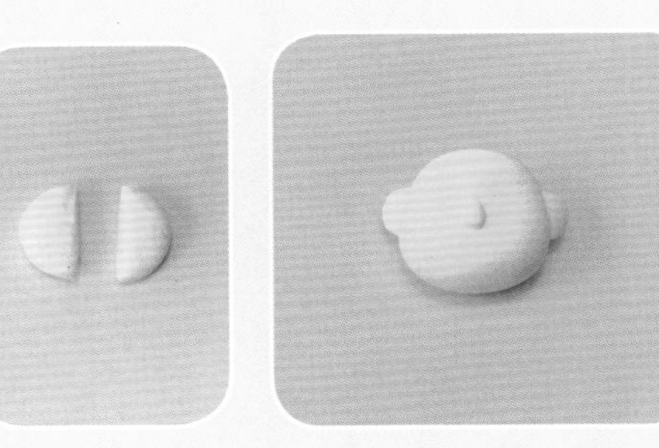

7 把半圆形片粘贴在头的两侧，做耳朵。

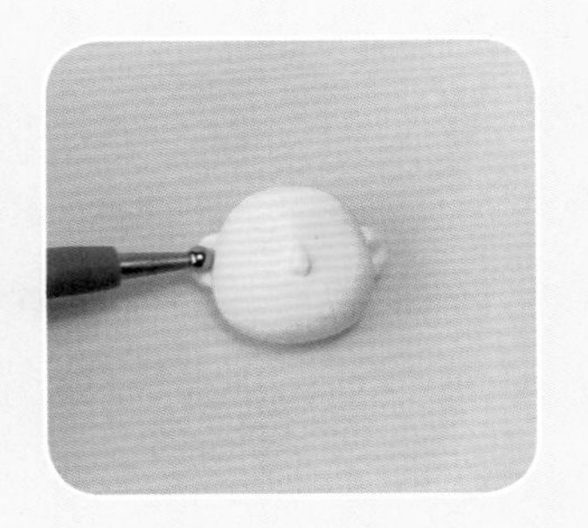

8 用圆头工具在耳朵上轻轻压一下，做耳朵的轮廓。

9 取黑色黏土压成黏土片。

10 将黑色黏土片包裹在后脑勺处，做头发。

11 用刀形工具在头发上划出发丝的纹理。

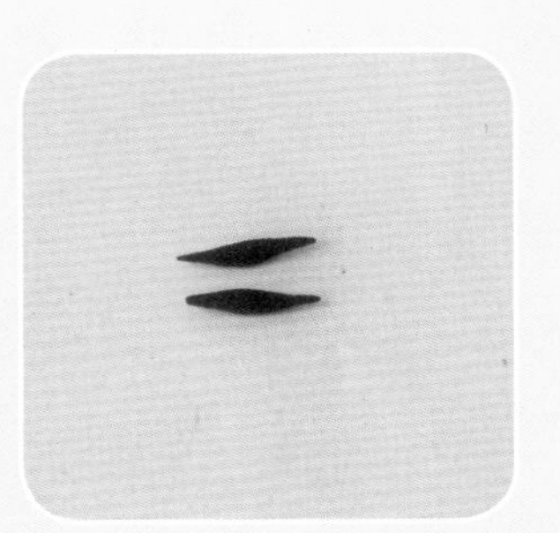

12 取少许黑色黏土，搓两根梭形黏土条。

头 部

⑬ 将黑色梭形黏土条粘贴在眉弓处，做眉毛。

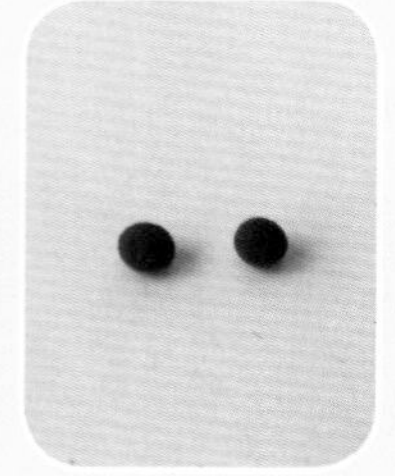

⑭ 揉两个黑色黏土球。

⑮ 将做好的黏土球粘贴在眼窝处做眼睛。

⑯ 取少许红色黏土搓成梭形后弯成月牙状。

⑰ 将做好的月牙状黏土粘贴在鼻子下方，做嘴巴。

⑱ 搓两根黑色长黏土条。

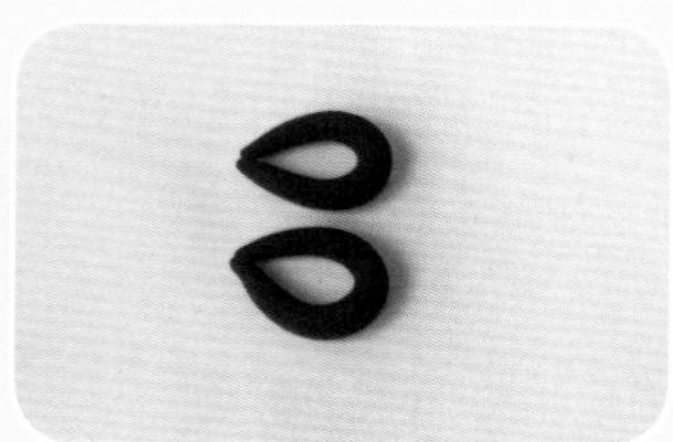

⑲ 将黏土条的两端粘贴，做两个水滴状发髻。

⑳ 将做好的发髻粘贴在头上。

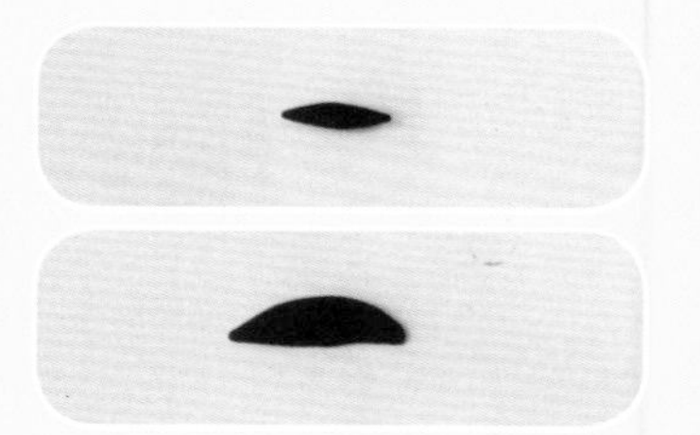

㉑ 取少许黑色黏土，搓成梭形。将做好的梭形黏土压扁做刘海。

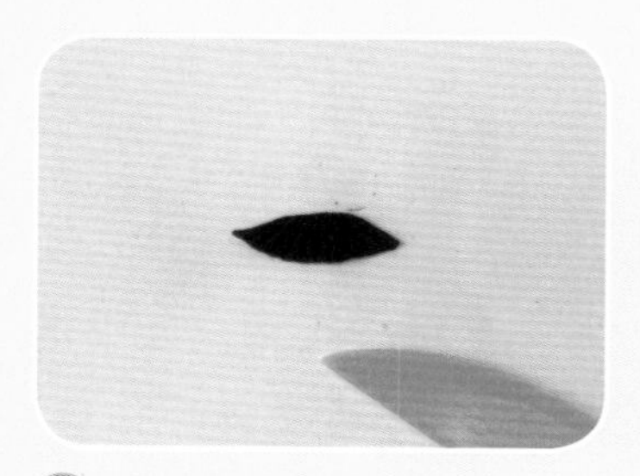

㉒ 用刀形工具在刘海上划出发丝的纹理。

㉓ 将做好的刘海粘贴在额头上。

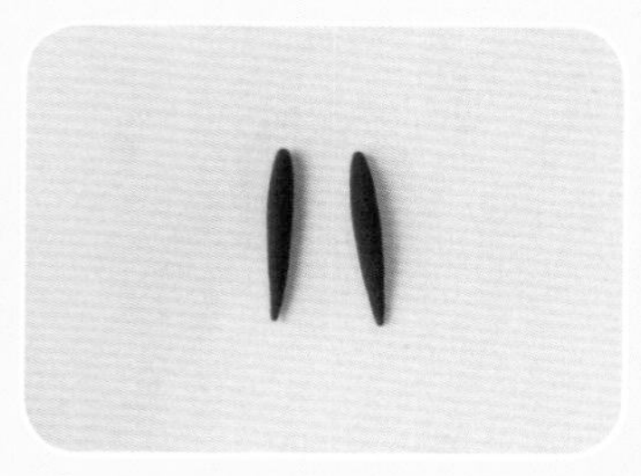

㉔ 搓两根黑色细黏土条，做鬓发。

㉕ 将鬓发分别粘贴在两鬓。把做好的头部放在一边待干。

身 体

1 取白色黏土，捏成锥形，做下半身的裙摆。

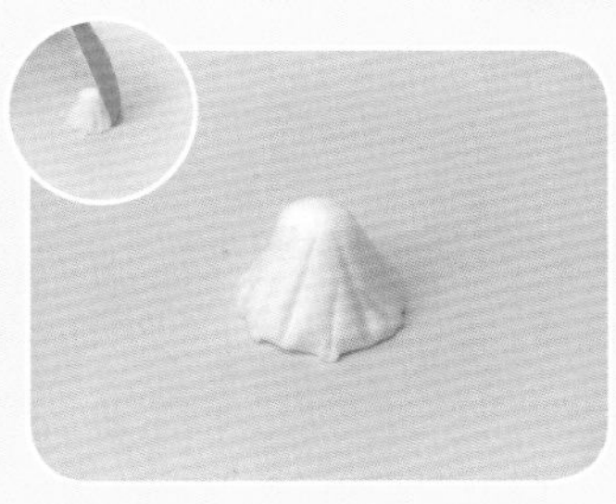

2 用刀形工具的刀背在锥形表面划出裙摆的褶皱。

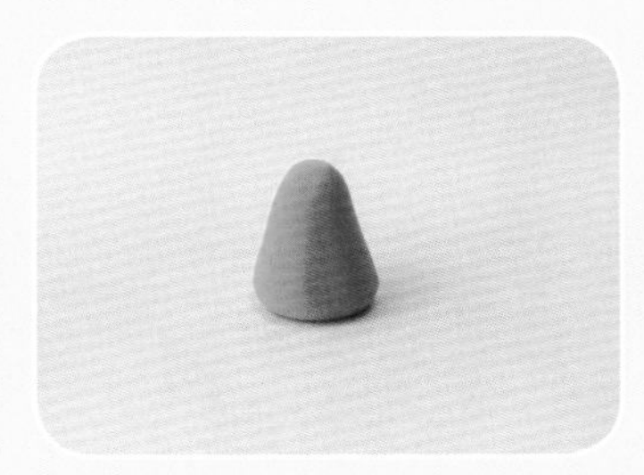

3 取橙黄色黏土，捏成锥形。

4 用圆头工具，在锥形的底部压出凹陷，做上半身的衣服。

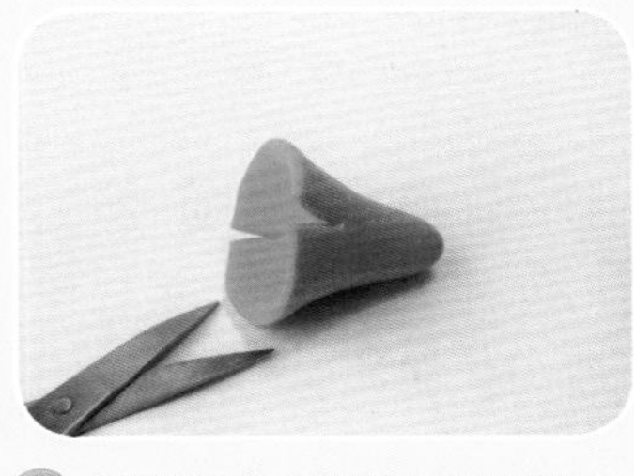

5 用剪刀在衣摆的两侧各剪一刀至上衣的 1/3 处，并适当调整下摆的开叉。

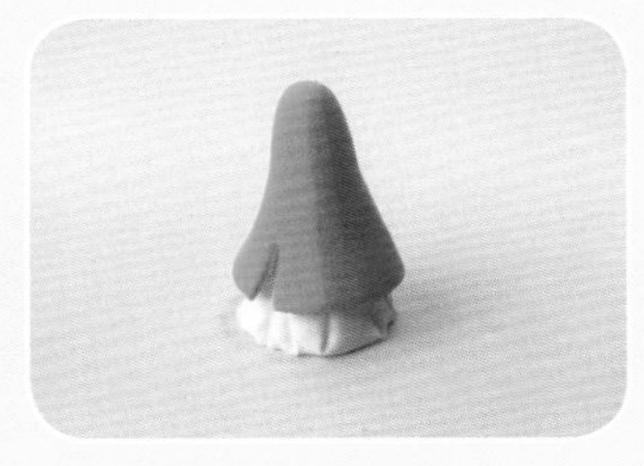

6 将上衣和裙子粘贴起来。

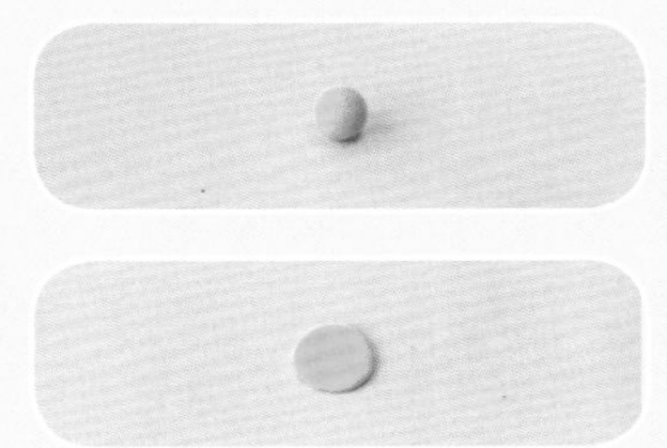

7 揉一个金黄色黏土球，并压成圆片。

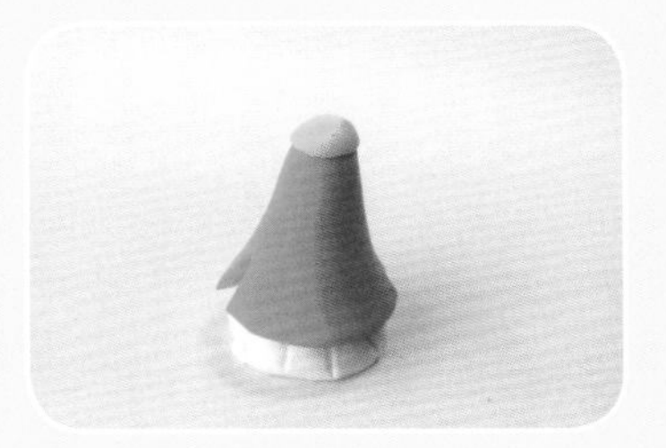

8 将金黄色圆片粘贴在上衣顶端。

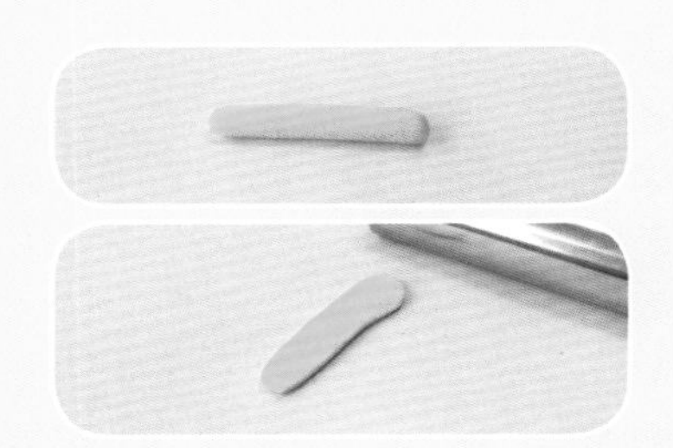

9 搓一根金黄色黏土条，用擀泥棒压成长条形黏土片。

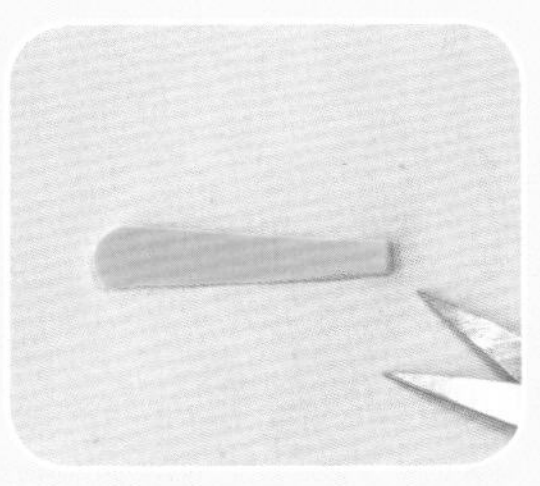

10 用剪刀修剪黏土片边缘。

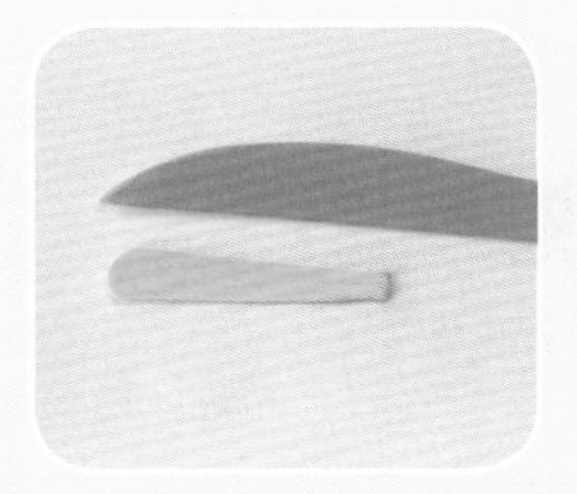

11 用刀形工具在黏土片中间划一条线，做衣襟。

12 将做好的衣襟粘贴在上衣中间，并用剪刀剪去多出的部分。

身 体

13 揉一个白色黏土球。

14 将圆球粘贴在上衣顶端。

15 用圆头工具轻压圆球，压出凹陷，做上衣衣领。

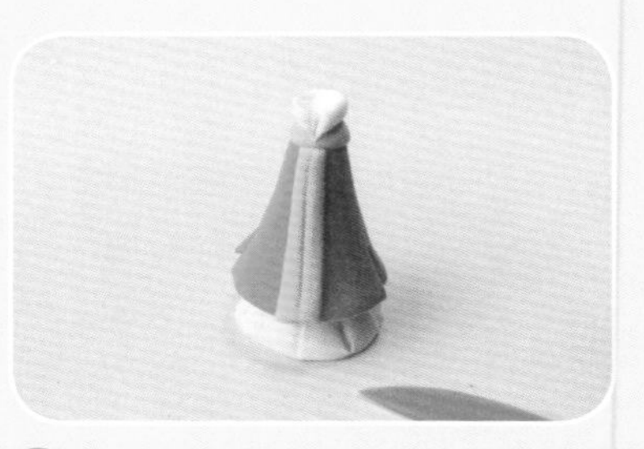

16 用刀形工具将衣领的其中一边向下切开，并调整造型。

17 搓一根金黄色黏土条。

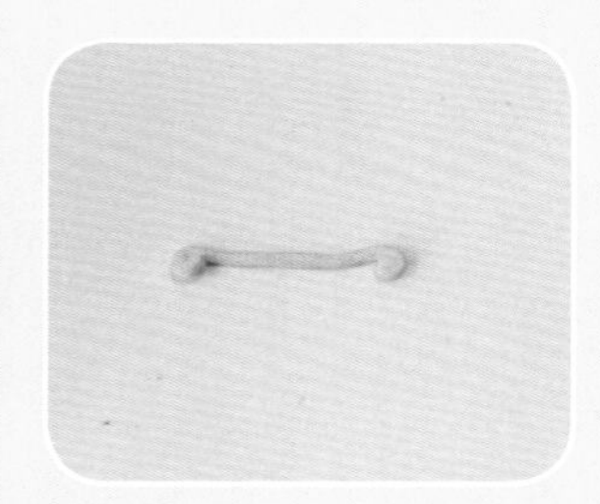

18 将金黄色黏土条的两头微微卷起，做衣服的装饰。

19 将做好的装饰粘贴在衣摆上。

20 可以多做几个相同的装饰，装饰衣摆其他部分。

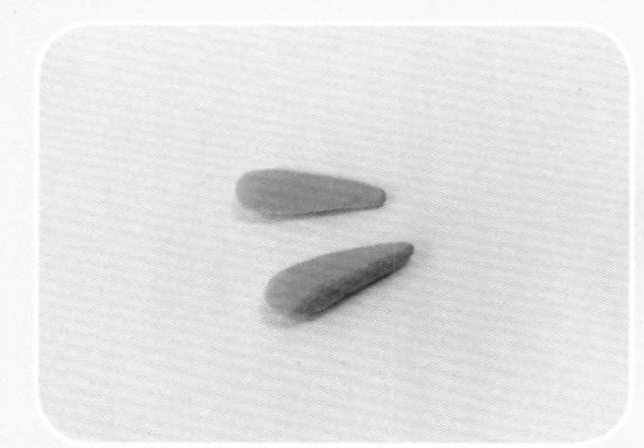

21 搓两根同等大小的橙黄色水滴状黏土条。

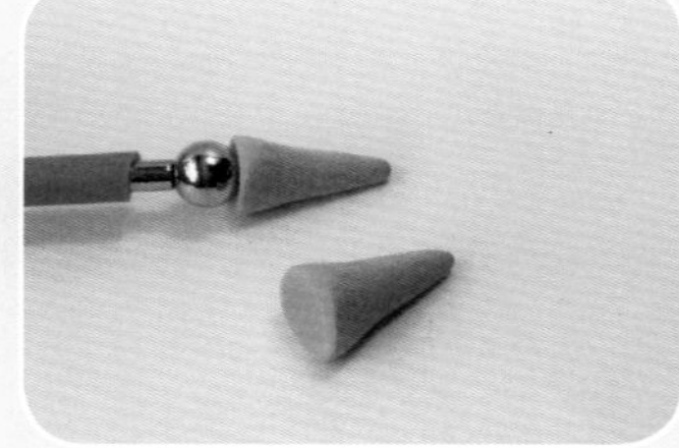

22 用圆头工具在黏土条底部压出凹陷，做手臂。

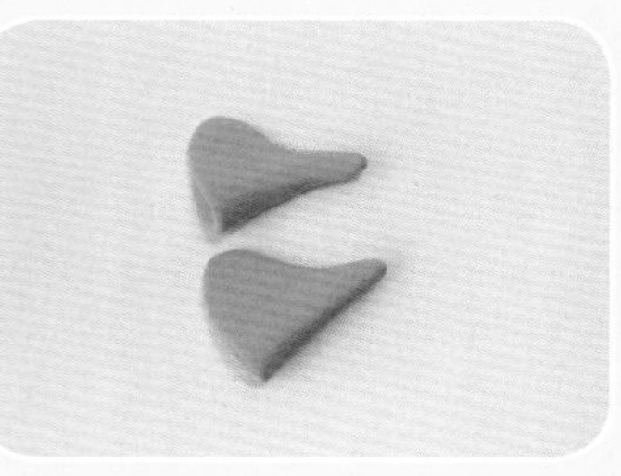

23 将手臂的一端用手指压扁，做袖摆。

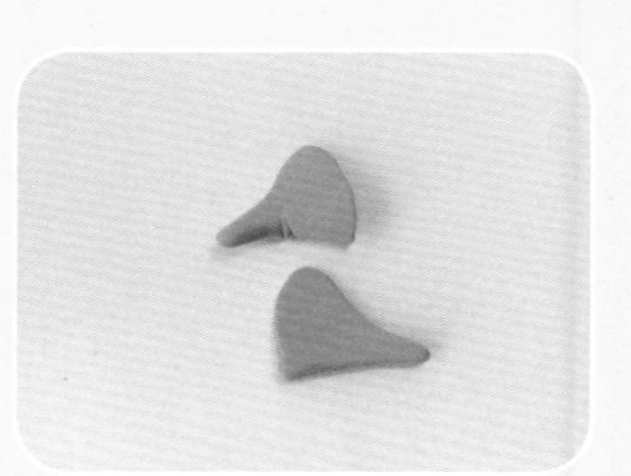

24 将手臂弯折并调整角度。

身 体

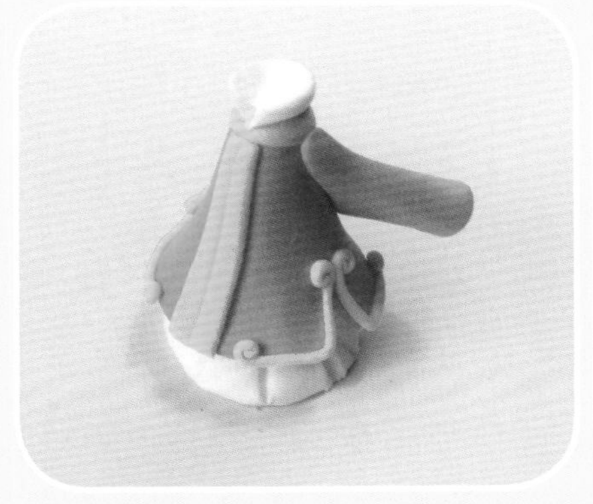

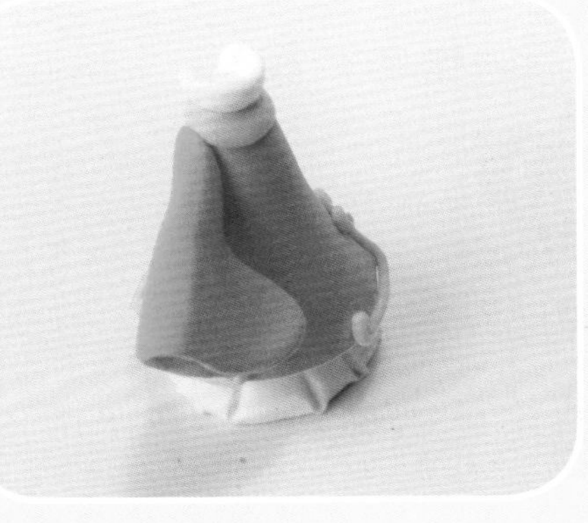

25 将做好的手臂粘贴在身体的两侧，并调整角度，一前一后。

26 揉一个肤色黏土球。

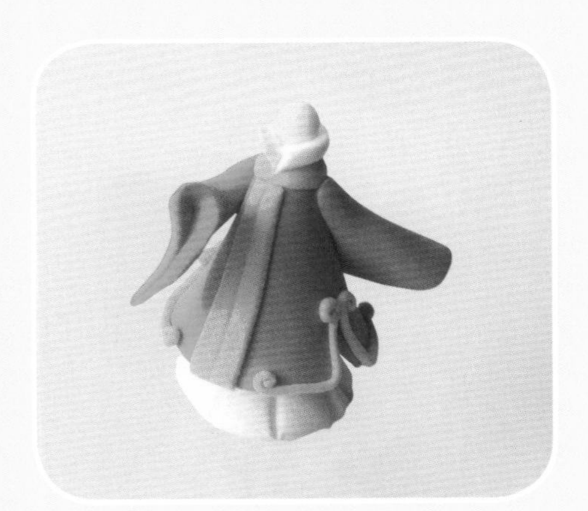

27 将肤色黏土球粘贴在衣领凹陷处，做脖颈。

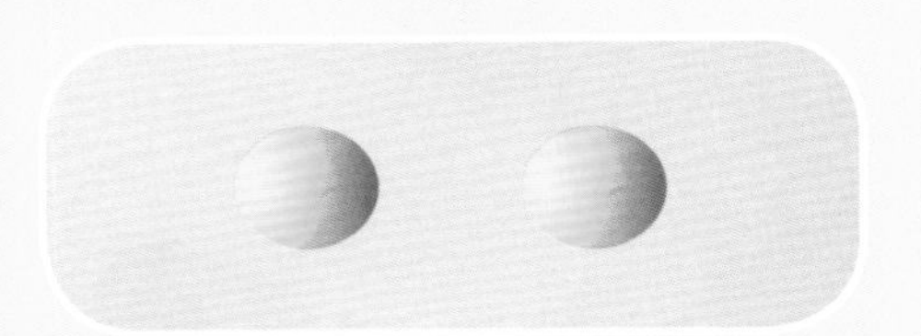

28 揉两个肤色黏土球。

29 将两个黏土球粘贴在袖口处做手。

组 合

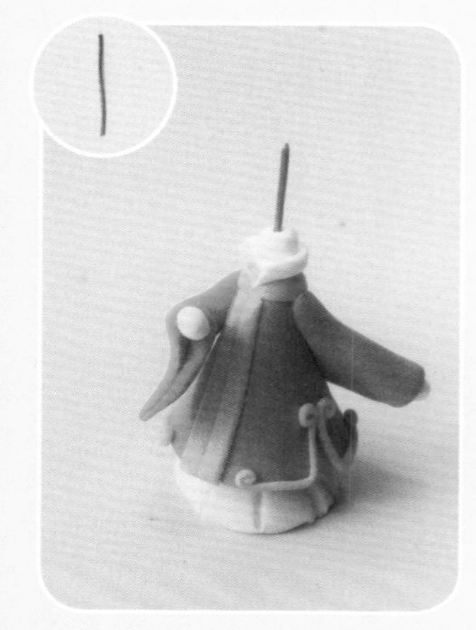

① 取一段铁丝，插入脖颈处，用于固定头部和身体。

② 将已干的头部固定在脖子上并调整角度。

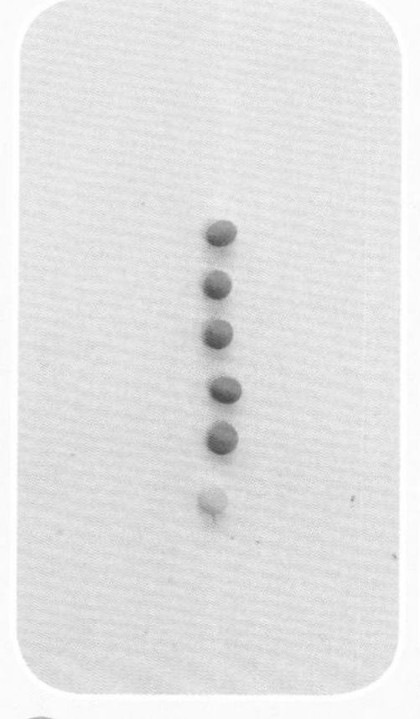

③ 揉五个红色黏土球和一个黄色黏土球，做成一朵花的形状，用刀形工具在每个花瓣表面划出纹理。

④ 将黄色黏土球粘贴在花的中间做花蕊。

⑤ 将做好的花装饰在头发上 。

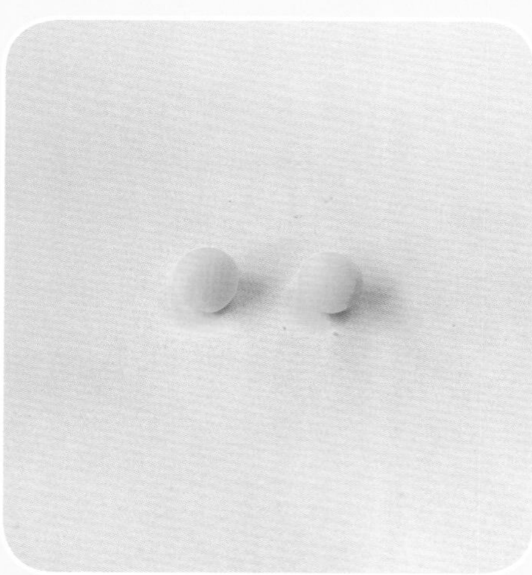

⑥ 揉两个粉色黏土球。

⑦ 将粉色黏土球压扁后粘贴在脸颊两侧，做腮红。

组 合

⑧ 揉一个红色黏土球。

⑨ 将红色黏土球粘贴在后脑发尾，并轻轻压扁，做发绳。

⑩ 搓一根两头稍尖的黑色梭形黏土条。

⑪ 将做好的黑色黏土条粘贴在后脑发绳处，做发辫。

⑫ 准备白色黏土球压成扁片，做团扇的扇面。

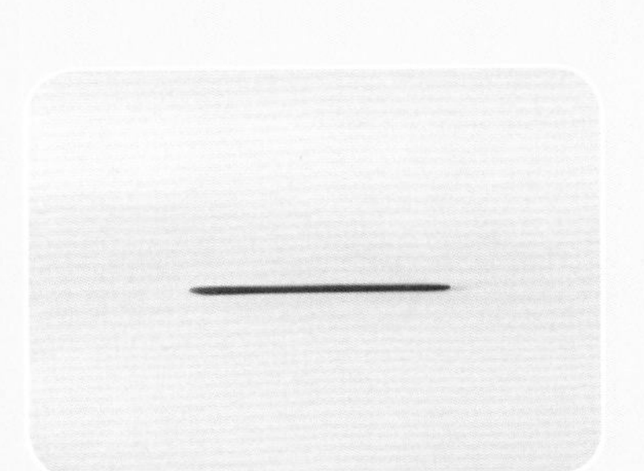

⑬ 搓褐色黏土条，做扇柄。

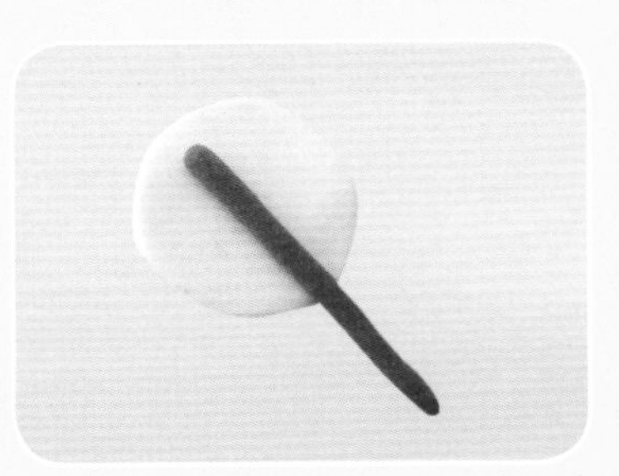

⑭ 将做好的扇柄和扇面粘贴。

⑮ 将做好的扇子粘贴在右手。宝钗就做完啦！

11

贾探春

削肩细腰，长挑身材，
鸭蛋脸面，俊眼修眉，
顾盼神飞，文彩精华，
见之忘俗。

头　部

① 揉一个肤色黏土球用手指稍稍压扁。

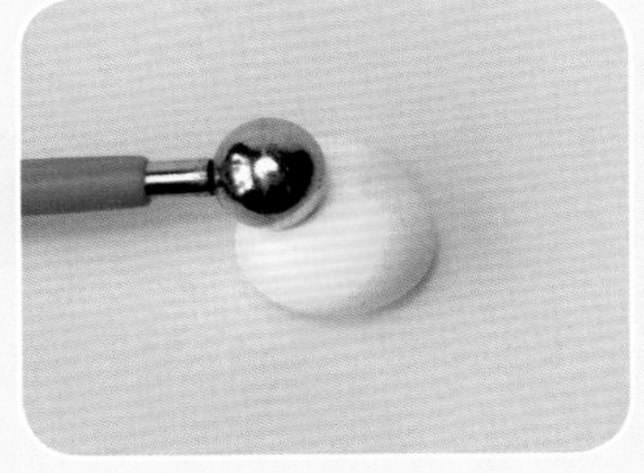

② 用圆头工具在黏土球中间偏上的位置压出眼窝。

③ 搓肤色水滴状黏土做鼻子。

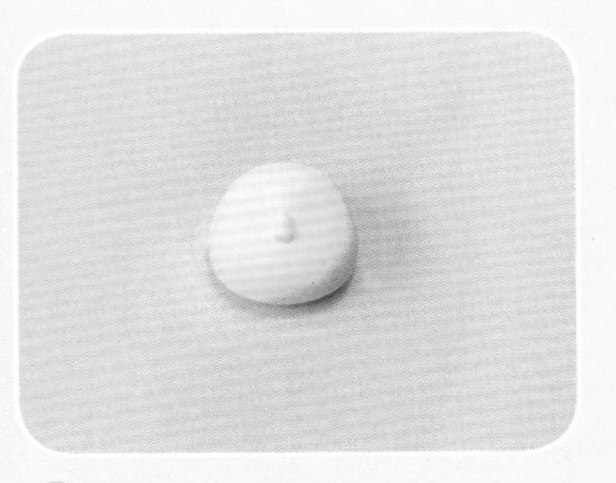

④ 将鼻子粘贴在脸部的中间。

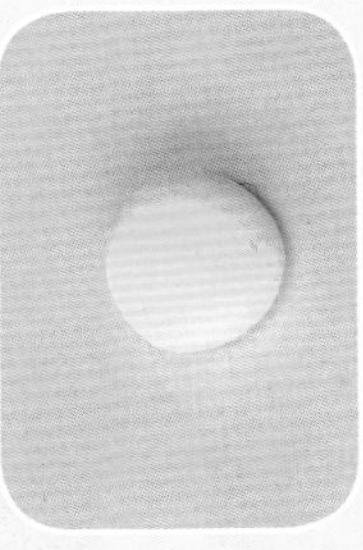

⑤ 揉一个肤色黏土球，并轻压成圆片。

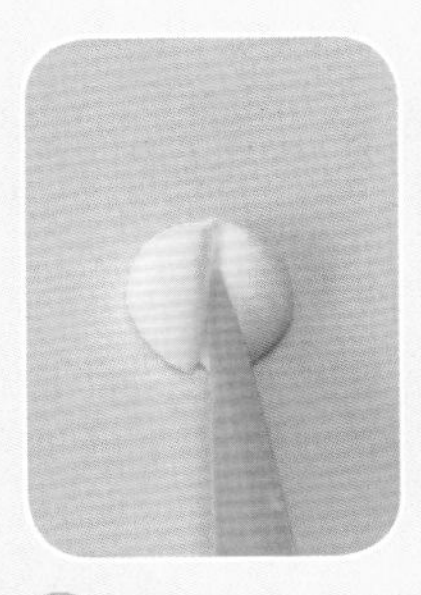

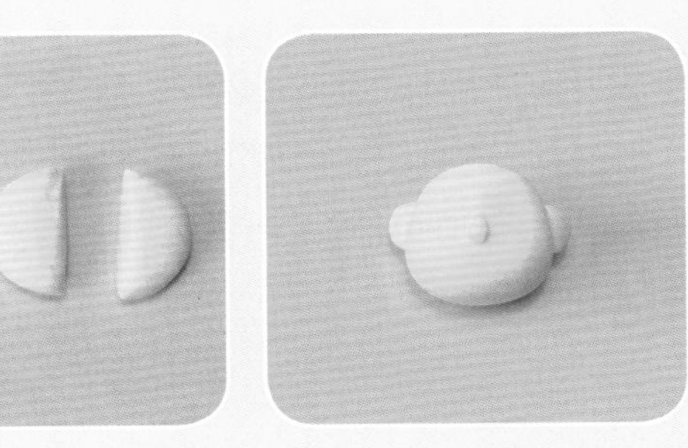

⑥ 用刀形工具将黏土片从中间切成两个半圆形片。

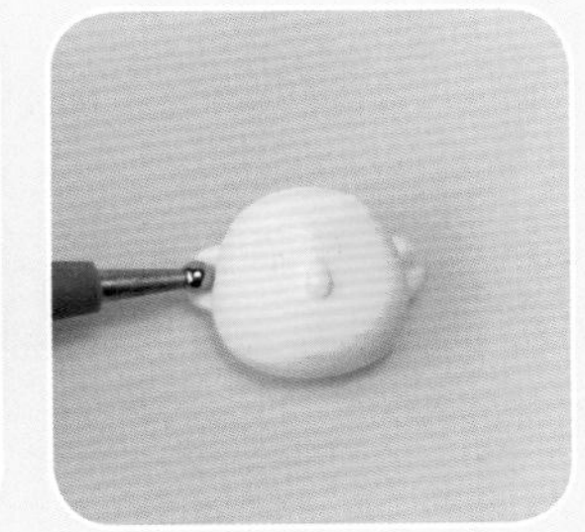

⑦ 把两个半圆形片粘贴在头的两侧，做耳朵。用圆头工具在耳朵上轻压，做耳朵的轮廓。

⑧ 取黑色黏土轻压成稍厚的黏土片。

⑨ 将黑色黏土片包裹在后脑勺处，做头发。

⑩ 用刀形工具在头发上划出发丝的纹理。

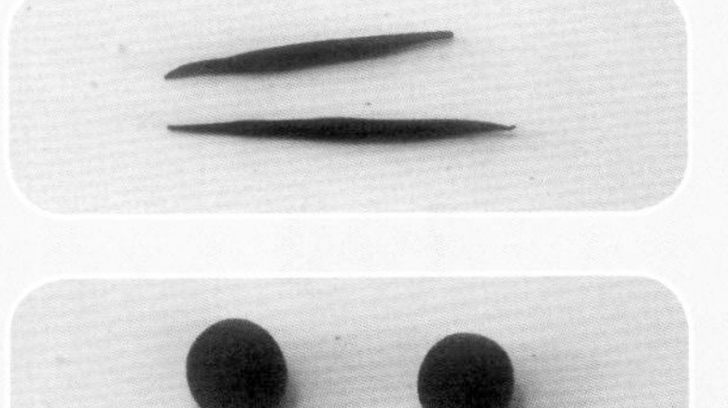

⑪ 取少许黑色黏土，搓两根梭形眉毛，揉两个黏土球做眼睛。

头 部

⑫ 将做好的眉毛粘贴在眉弓处，并将眼睛粘贴在眼窝处。

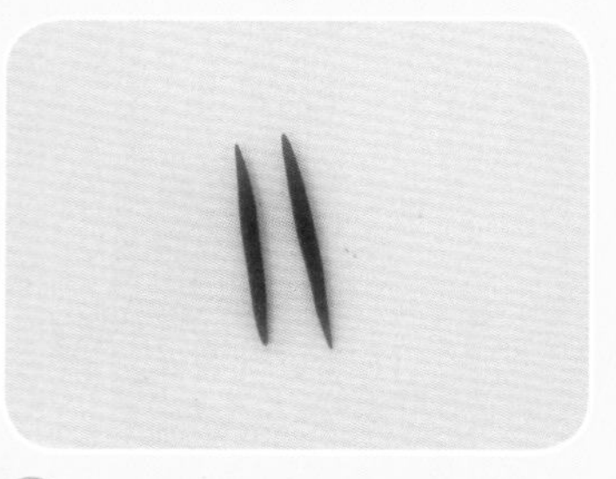

⑬ 搓两根两头尖的黑色细黏土条，做鬓发。

⑭ 将做好的鬓发粘贴在两鬓。

⑮ 取少许红色黏土搓成梭形后弯成月牙状。

⑯ 将月牙状黏土粘贴在鼻子下方做嘴巴。

⑰ 取黑色黏土搓三根相同的梭形黏土条。

⑱ 将黏土条两端粘贴起来，做三个水滴状发髻。

⑲ 将水滴状发髻组合，做一个花形发髻。

⑳ 将做好的发髻粘贴在头顶。

身 体

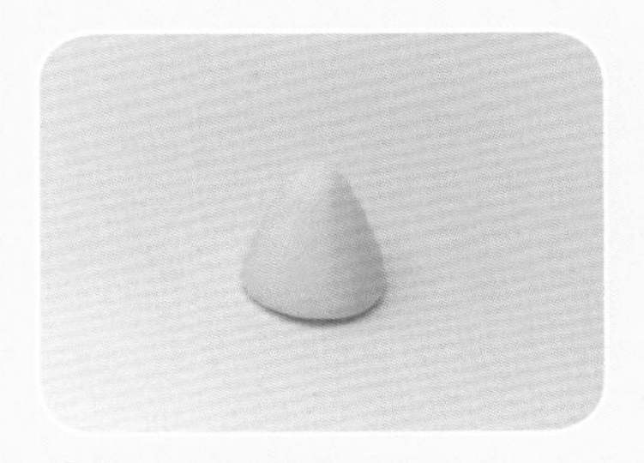

❶ 取黄色黏土捏成锥形。

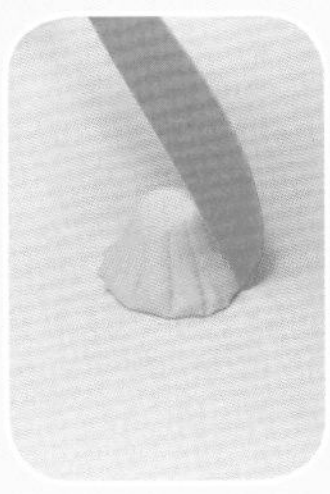

❷ 用刀形工具的刀背在锥形表面划出竖条纹理，做裙摆衣褶。

❸ 取红色黏土捏成锥形。

❹ 用圆头工具在锥形底部轻压出凹陷，做上衣。

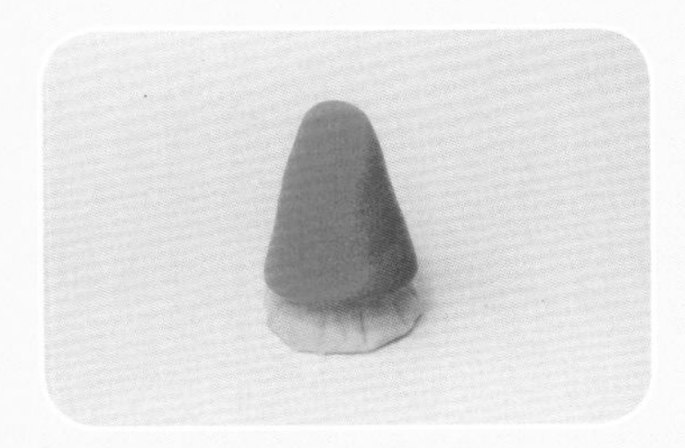

❺ 将做好的上衣和裙子粘贴。

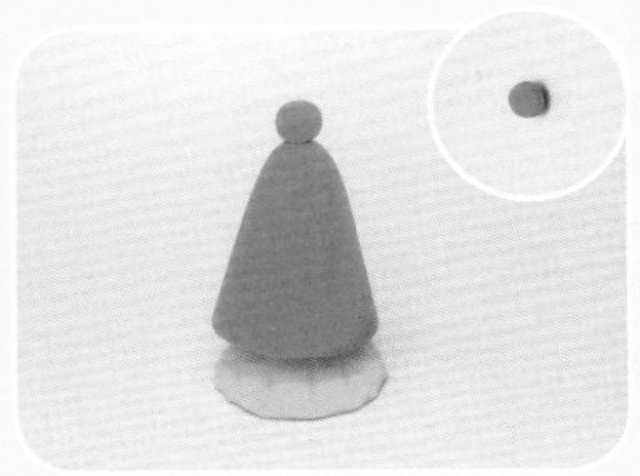

❻ 揉一个红色黏土球粘贴在上衣顶部。

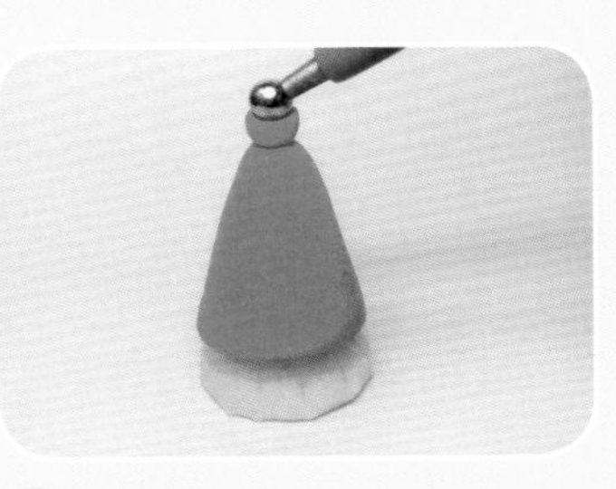

❼ 用圆头工具轻压圆球，压出凹陷，做衣领。

❽ 用刀形工具在衣领处向下划开，并调整衣领造型。

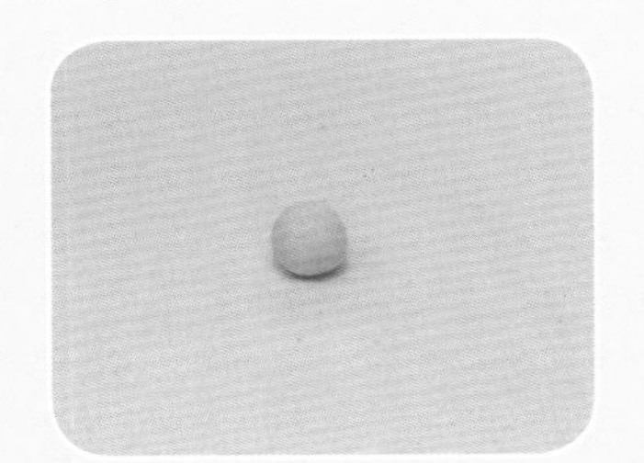

❾ 揉一个黄色黏土球做衣领扣。

❿ 将做好的衣领扣粘贴在衣领处。

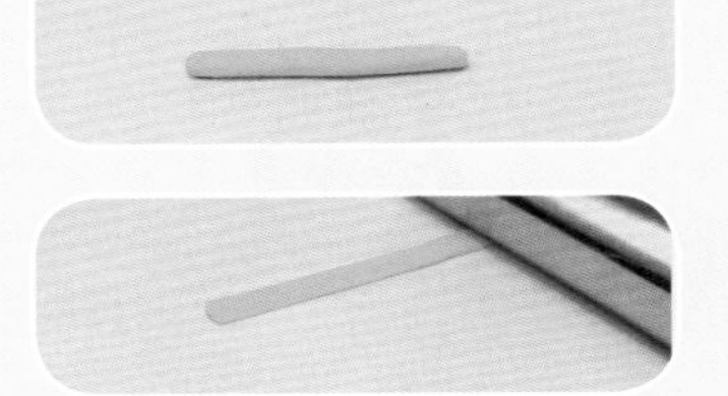

⓫ 搓一根黄色黏土条，并用擀泥棒压成长条形黏土片。

⓬ 将做好的长条形黏土片沿着上半身中部粘贴一圈。

身 体

13 搓一根蓝色细黏土条，并沿着腰部粘贴一圈做绦带。

14 用刀形工具在绦带上划出纹理。

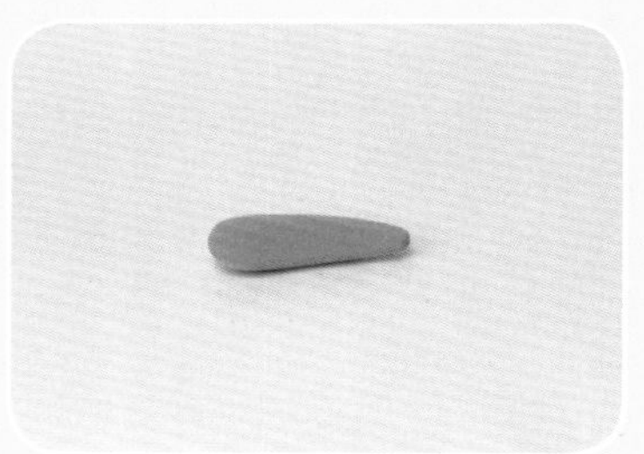

15 搓一根红色水滴状黏土条。

16 用圆头工具在黏土条底部压出凹陷，做手臂。

17 将手臂的一端压扁做袖摆。

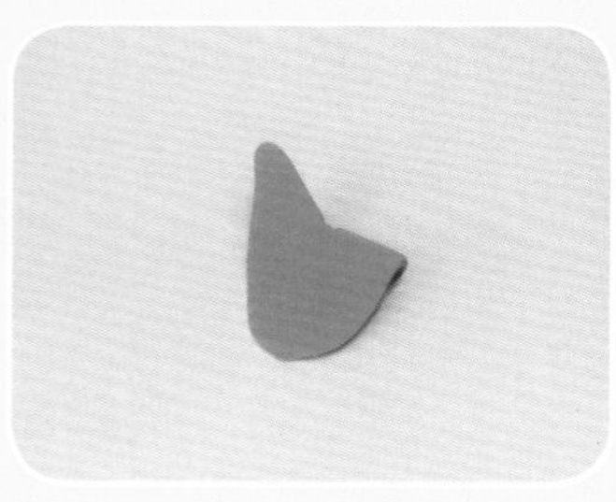

18 将手臂弯折并调整角度。

19 将做好的手臂粘贴在身体左侧，并调整角度。

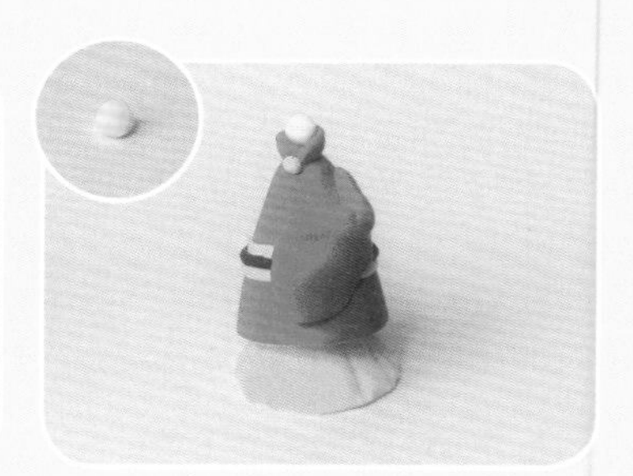

20 揉一个肤色黏土球，粘贴在衣领处做脖子。

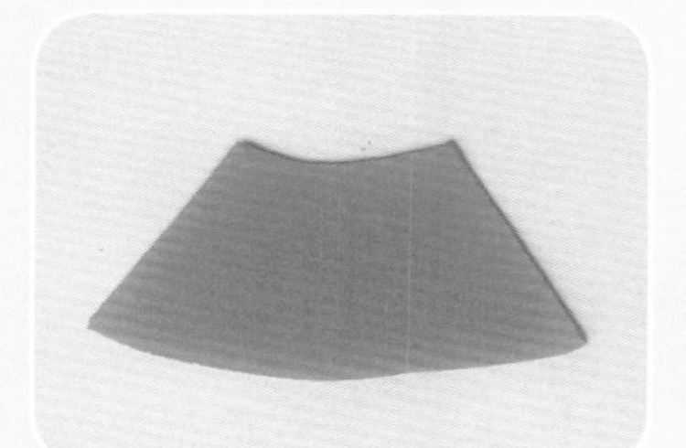

21 取红色黏土，用擀泥棒压成黏土片后裁剪成扇形。

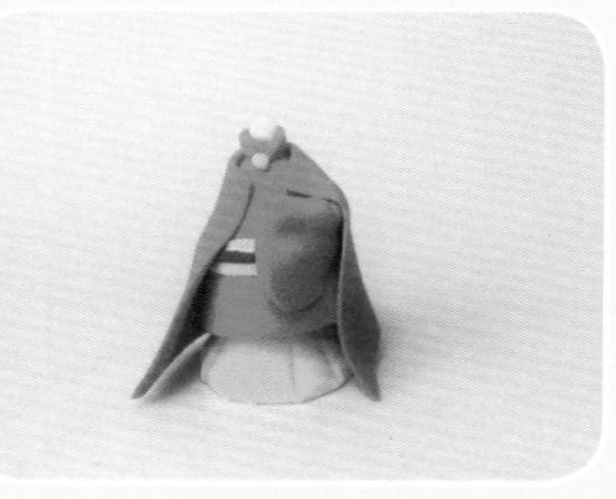

22 将扇形黏土片围在后背做披风。注意不要遮盖住左臂。

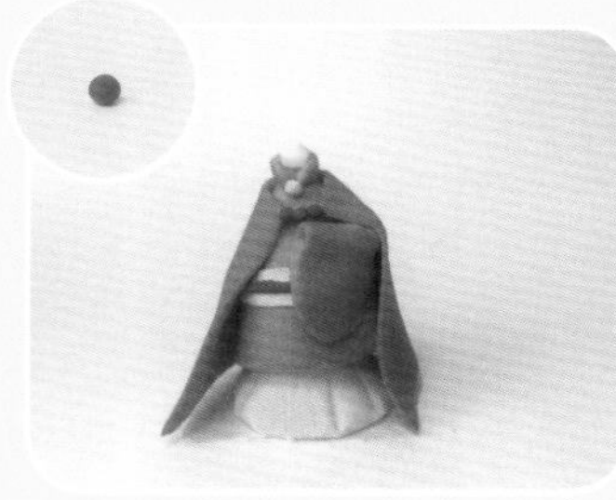

23 取深蓝色黏土球粘贴在披风最上端，做连接披风上端的珠串。

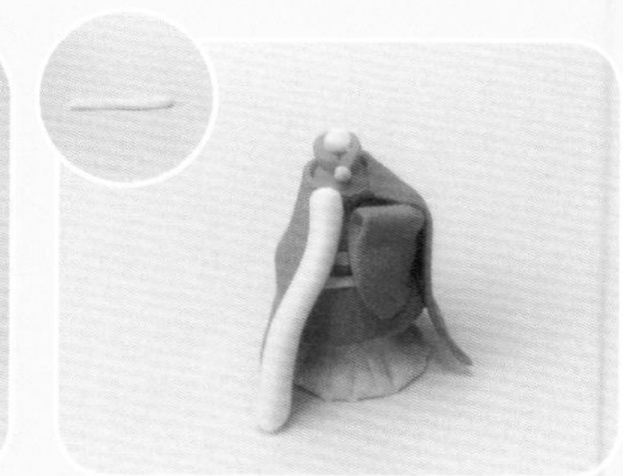

24 搓白色黏土条粘贴在披风一侧。

身体

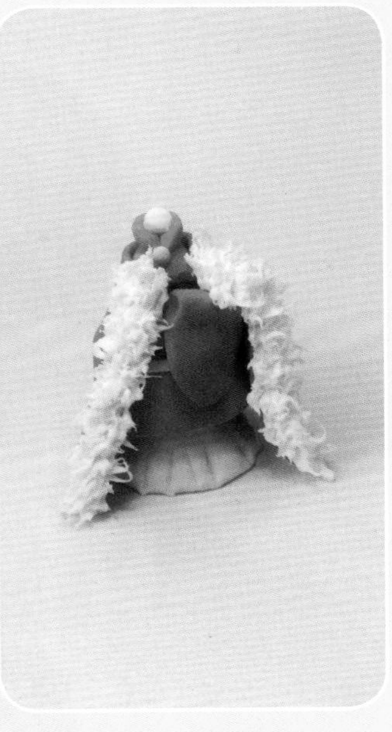

25 用镊子轻夹黏土表面，注意整根白色黏土条都要夹一遍，制造肌理效果。整根黏土条看上去毛茸茸了就可以了，用同样的手法制作披风的另一条绒毛边。

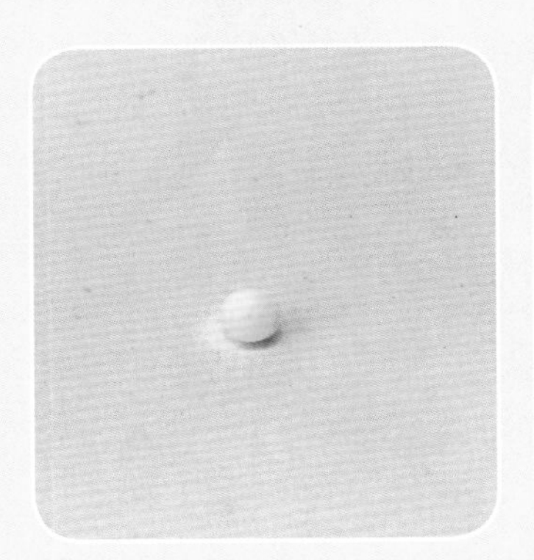

26 揉一个肤色黏土球，粘贴在左臂袖口处做左手。

组合

1 取一段铁丝，插入脖领处，并留出一段用于固定头部。

2 将已干的头部固定在脖子上并调整角度。

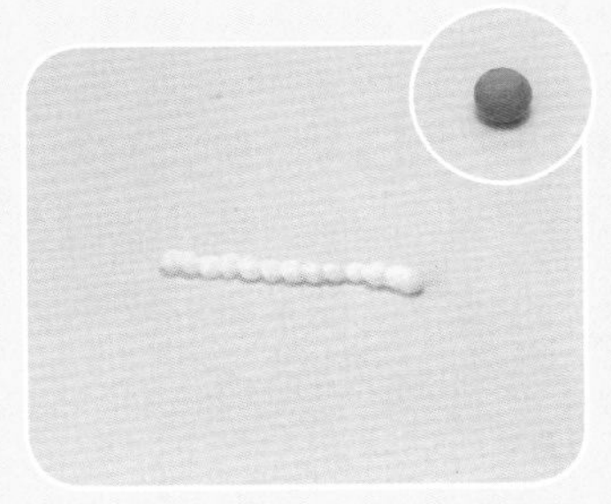

3 取少许白色、红色黏土，揉成若干小球；再将白色小黏土球粘贴成串。

4 将做好的白色珠串和红色黏土球组合并粘贴在头上，做额饰。

5 搓若干蓝色水滴状黏土粘贴做扇形头饰。

6 揉一个黄色黏土球粘贴在扇形头饰的最底部。

组 合

⑦ 将做好的扇形头饰粘贴在发髻前。

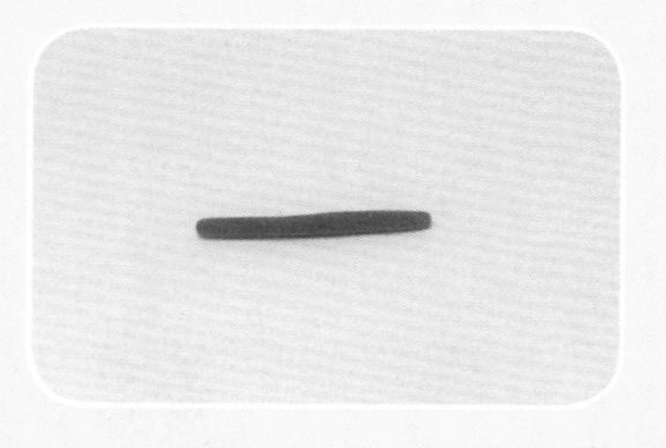

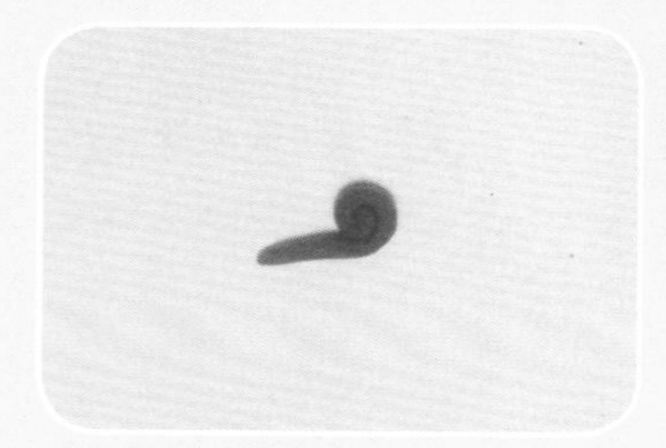

⑧ 搓一根蓝色细黏土条，将其中一头卷起，做发饰。可以多做几个这样的装饰。

⑨ 将做好的发饰组合后粘贴在头发上。

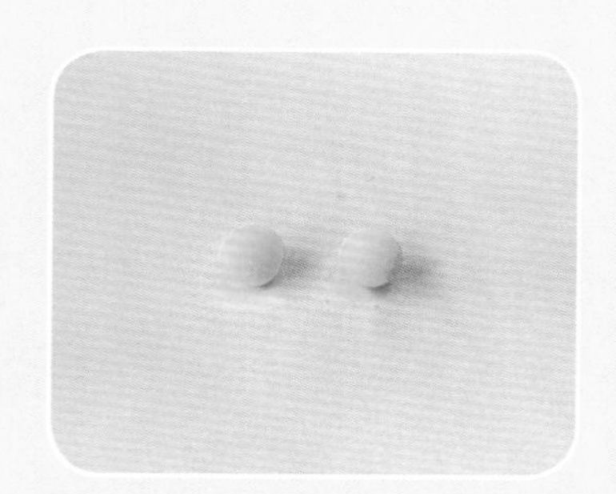

⑩ 揉两个粉色黏土球，压扁后粘贴在脸颊两侧，做腮红。完工啦！

12 妙玉

气质美如兰，
才华馥比仙。

头 部

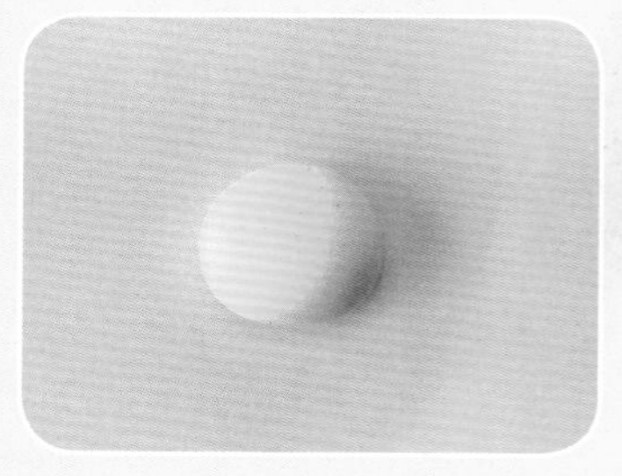

①揉一个肤色黏土球用手指稍稍压扁。

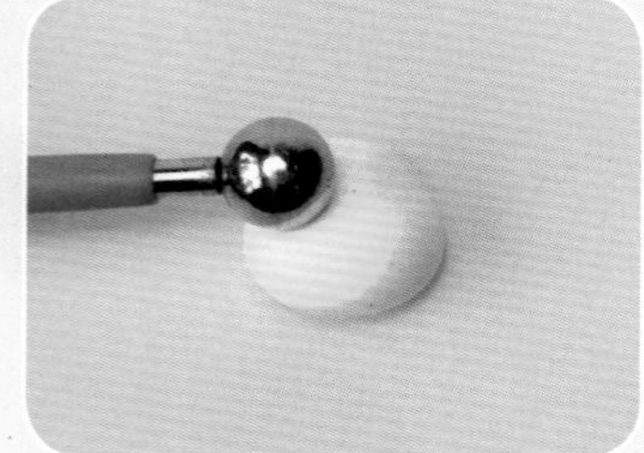

②用圆头工具在黏土球中间偏上的位置压出眼窝。

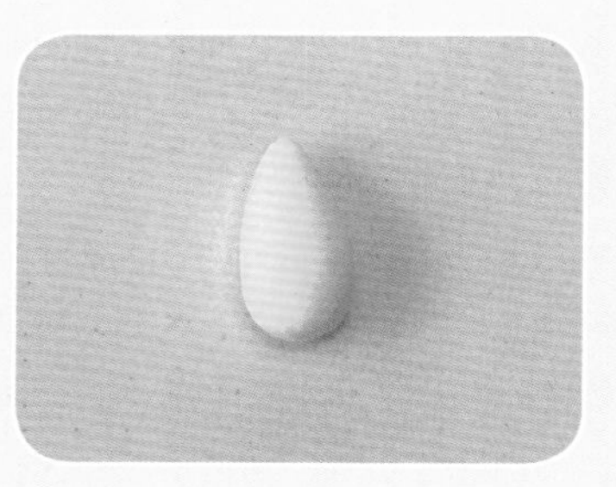

③搓一个肤色水滴状黏土做鼻子。

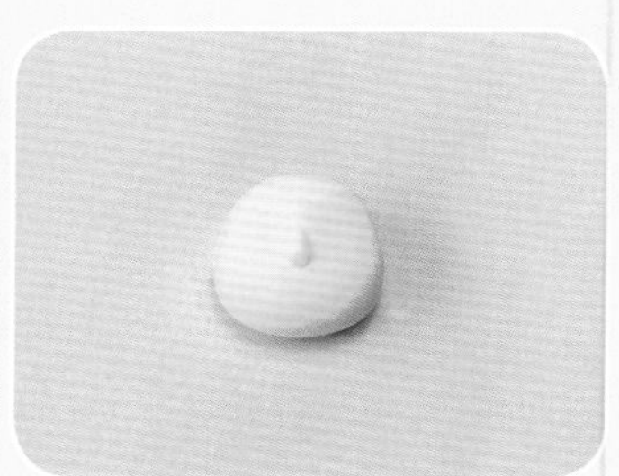

④将鼻子粘贴在脸部的中间。

⑤揉一个肤色黏土球，并轻压成圆片。

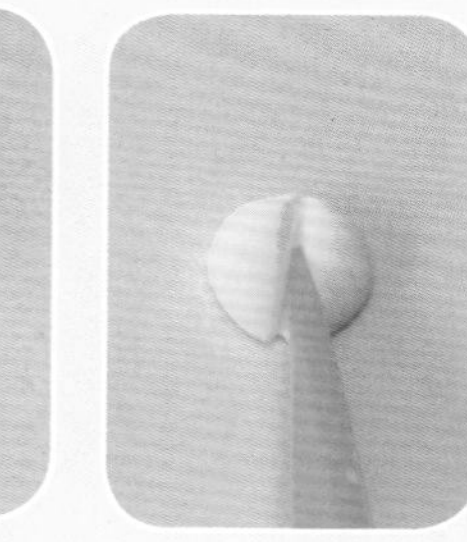

⑥用刀形工具将黏土片从中间切成两个半圆形片。

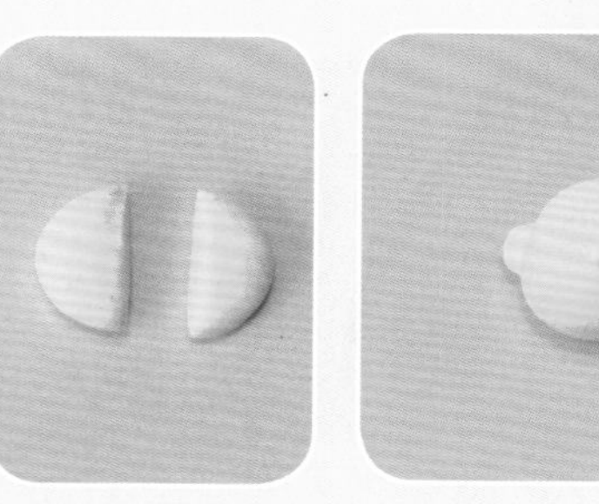

⑦把半圆形片粘贴在头的两侧，做耳朵。

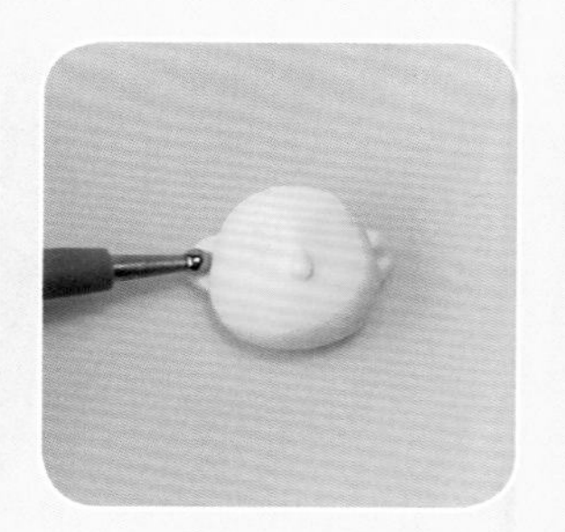

⑧用圆头工具在耳朵上轻轻压一下，做耳朵的轮廓。

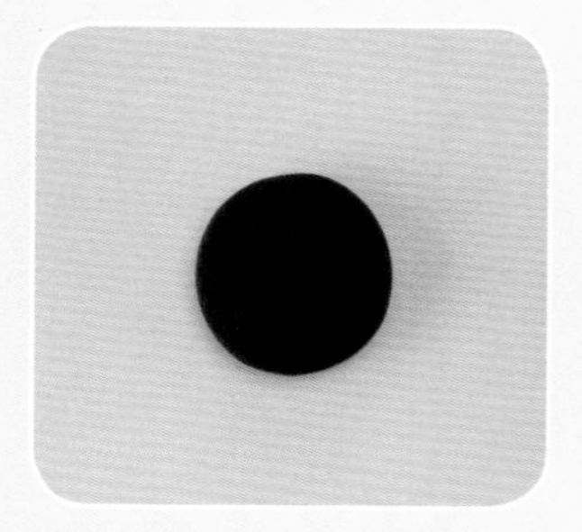

⑨取黑色黏土，轻压成稍厚的黏土片。

⑩将黑色黏土片包裹在后脑勺处，做头发。

⑪用刀形工具在头发上划出发丝的纹理。

⑫取少许黑色黏土，搓两根梭形眉毛，再揉两个黏土球做眼睛。

头 部

13 将做好的眉毛粘贴在眉弓处，并将眼睛粘贴在眼窝处。

14 取少许红色黏土搓成梭形后弯成月牙状。

15 将做好的月牙粘贴在鼻子下方做嘴巴。

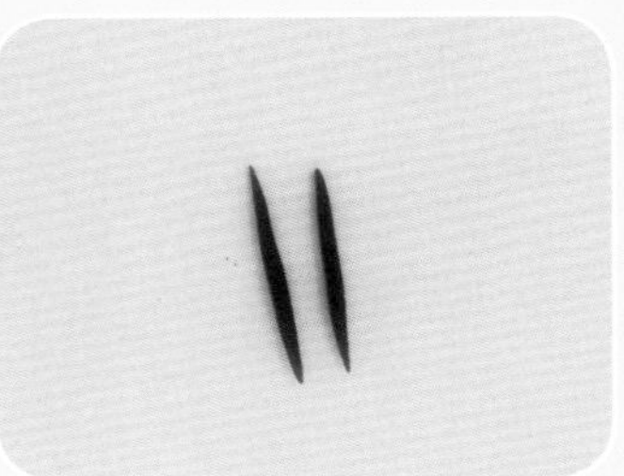

16 搓两根两头尖的黑色细黏土条，做鬓发。

17 将做好的鬓发粘贴在两鬓。

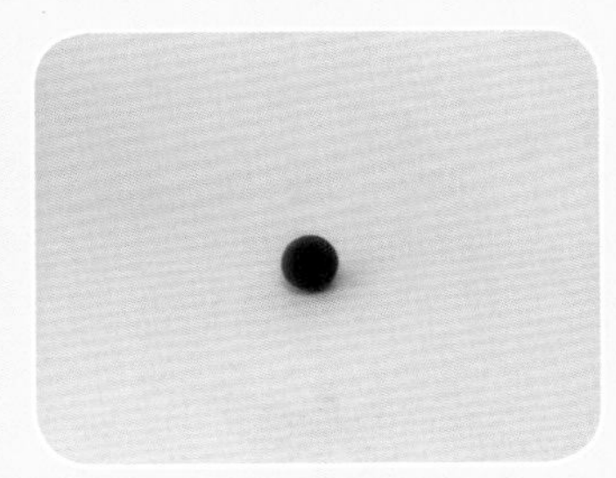

18 揉一个黑色黏土球。

19 将黑色黏土球粘贴在头顶做发髻。

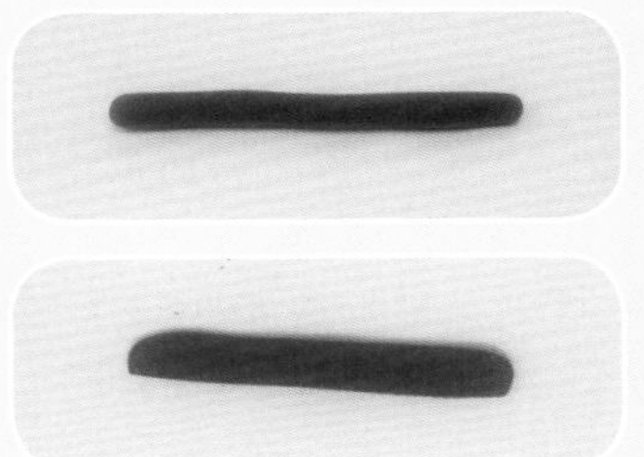

20 搓一根灰蓝色黏土条用擀泥棒压扁，做发带。

21 将做好的发带绕发髻粘贴。

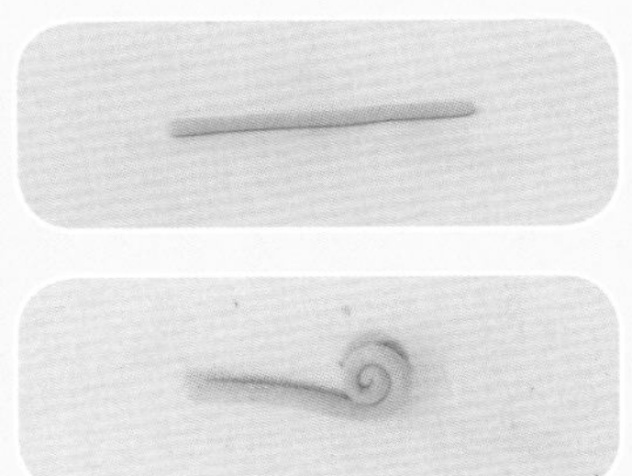

22 搓一根绿色细黏土条，将其中一头卷起来，做发簪。

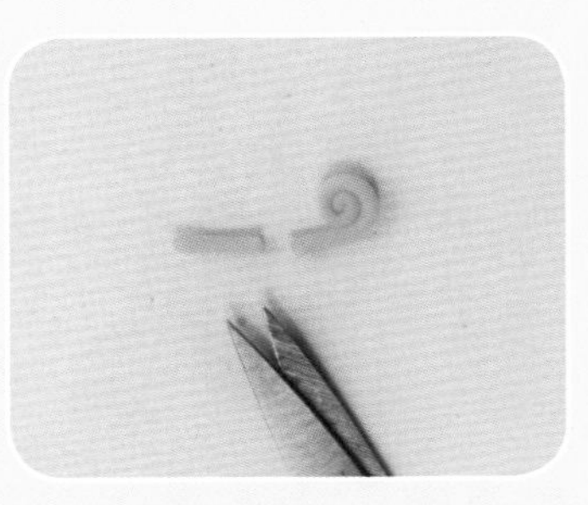

23 用剪刀将发簪从中间剪断。

24 把两段发簪分别粘贴在发髻的两侧。

身 体

❶ 取灰色黏土捏成锥形。

❷ 用刀形工具在锥形表面划出竖条纹理，做裙摆。

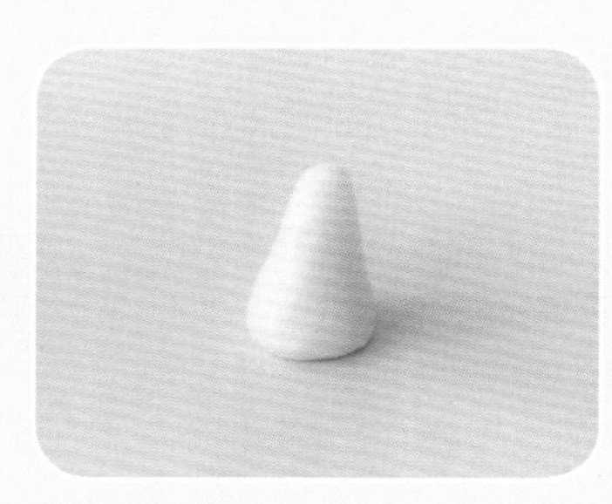

❸ 取白色黏土捏成锥形。

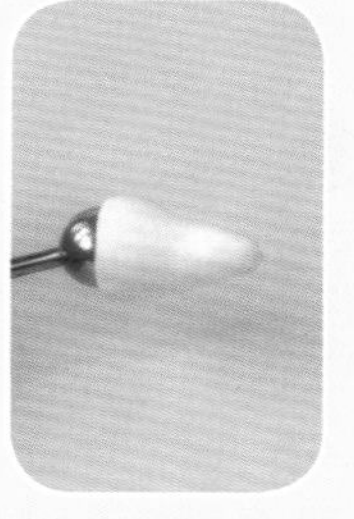

❹ 用圆头工具在锥形底部压出凹陷。

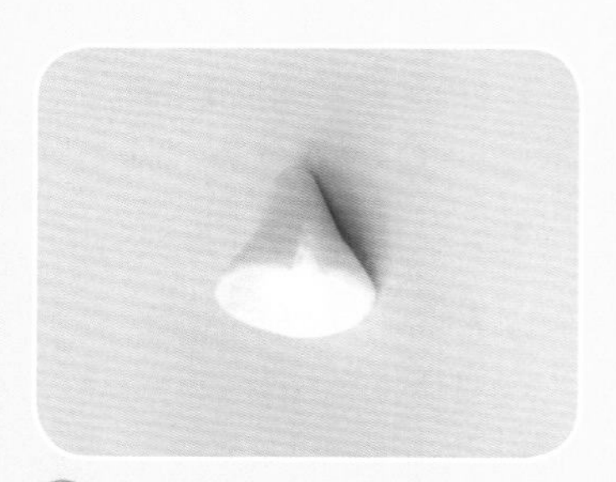

❺ 用剪刀从锥形底部剪开至1/2处，做上衣。

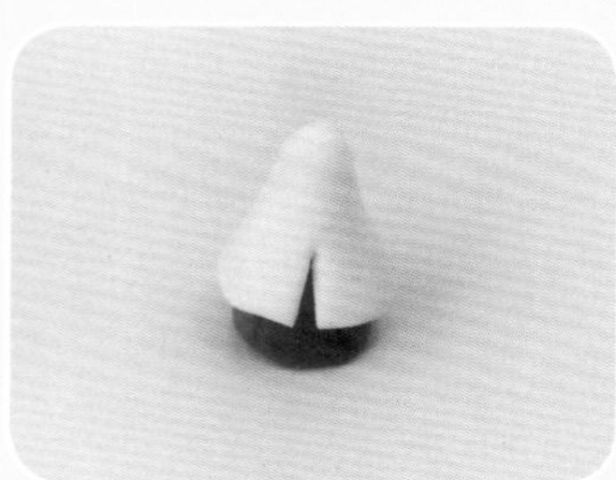

❻ 将上衣和之前做好的下半身组合起来。

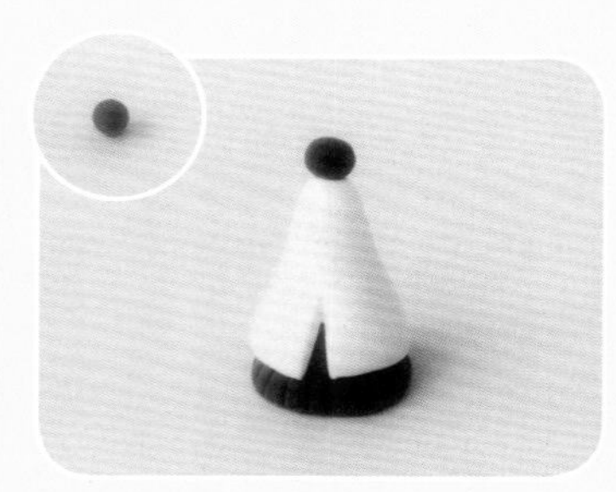

❼ 揉一个深灰色黏土球，粘贴在上衣顶端。

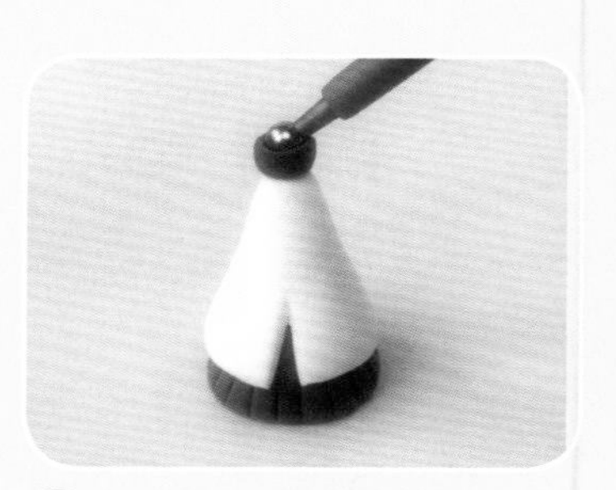

❽ 用圆头工具轻压圆球，压出凹陷，做衣领。

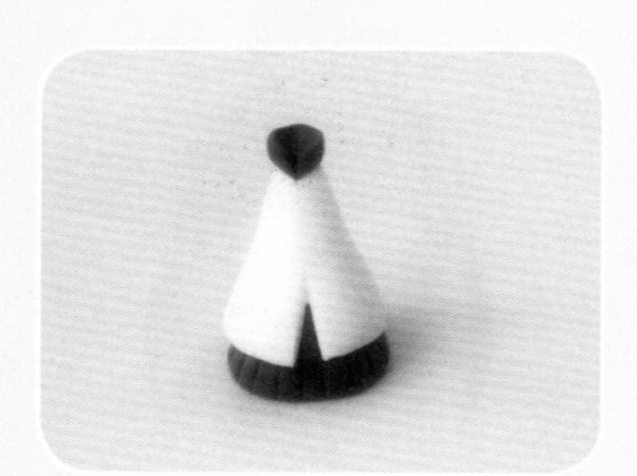

❾ 用刀形工具在衣领处向下划开，并调整衣领造型。

❿ 待上衣干燥后，用水彩颜料在上衣表面画上几何形图纹。

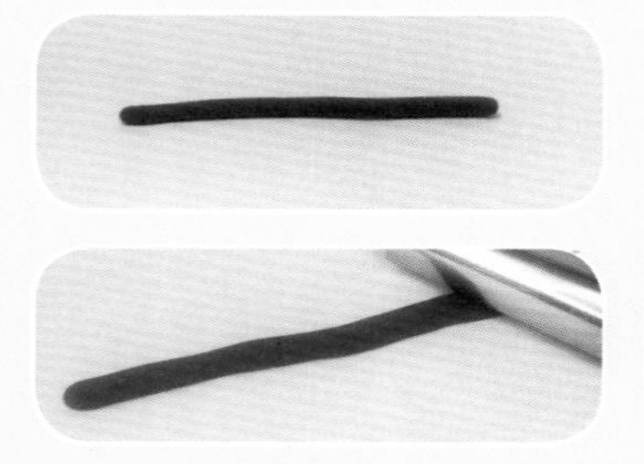

⓫ 搓一根灰蓝色黏土条，并用擀泥棒压成黏土片。

⓬ 将做好的黏土片围着脖领粘贴一圈做上衣的交领。

身 体

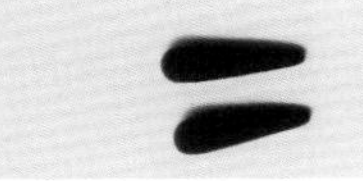

⑬ 搓两根同等大小的灰色水滴状黏土条。

⑭ 用圆头工具在黏土条底部压出凹陷，做手臂。

⑮ 将做好的手臂一端压扁做袖摆。

⑯ 把做好的手臂弯折并调整角度，粘贴在身体两侧。

⑰ 揉一个肤色黏土球，粘贴在衣领处，做脖子。

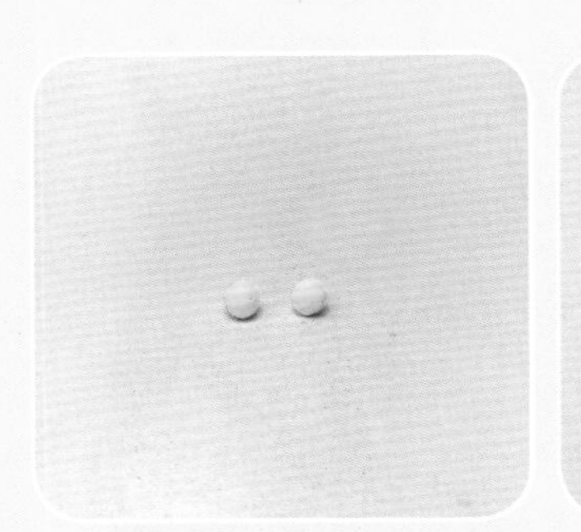

⑱ 揉两个肤色黏土球，分别粘贴在袖口处，做手。

组 合

① 取一段铁丝，插入脖领处，并留出一段用于固定头部。

② 将做好的头部固定在身体上，并适当调整角度。

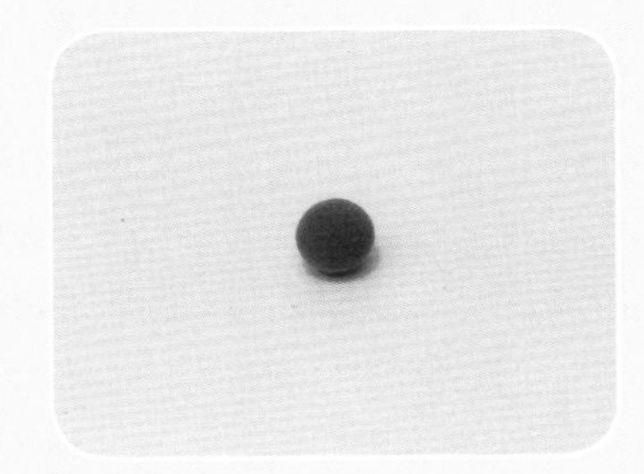

③ 揉一个灰蓝色黏土球。

④ 将灰蓝色黏土球粘贴到后脑底部，并稍稍压扁，做发绳。

⑤ 搓一根两头尖的黑色梭形黏土条，两端粘贴做发辫。

⑥ 将做好的发辫粘贴在发绳下端。

组 合

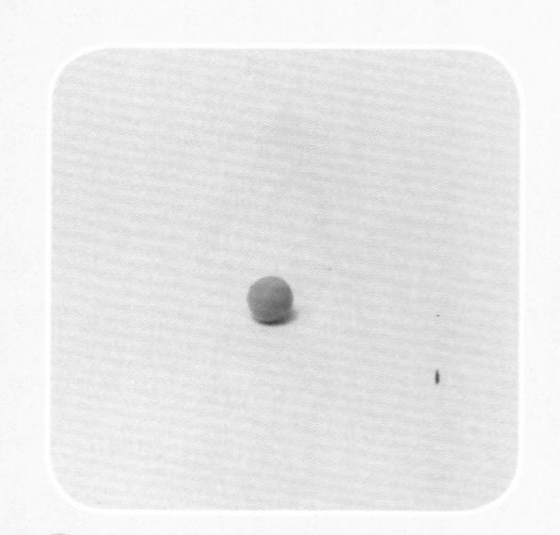

⑦ 揉一个蓝色黏土球。

⑧ 用圆头工具将圆球压出凹陷，做成小杯子。

⑨ 再搓一个蓝色黏土片做托盘。

⑩ 将做好的杯子和托盘组合粘贴在左手上。

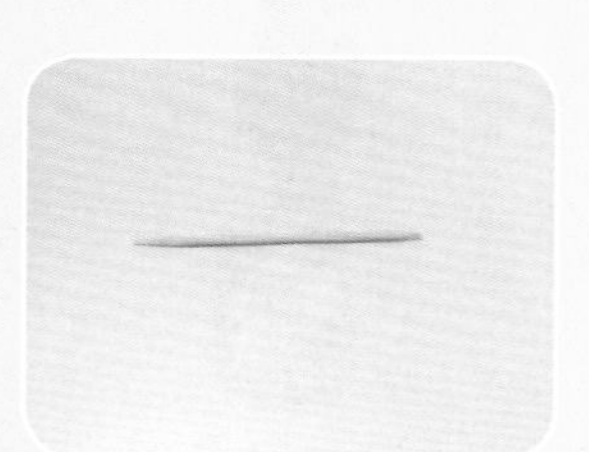

⑪ 准备一根牙签。

⑫ 取褐色黏土，包裹在牙签的表面，做拂尘的杆。

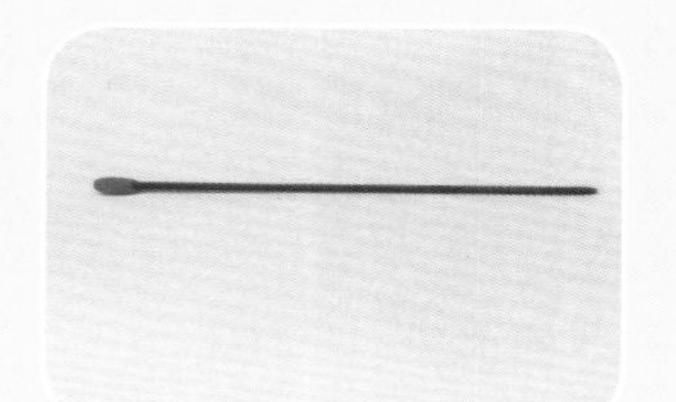

⑬ 取蓝色黏土粘贴在拂尘杆的一端。

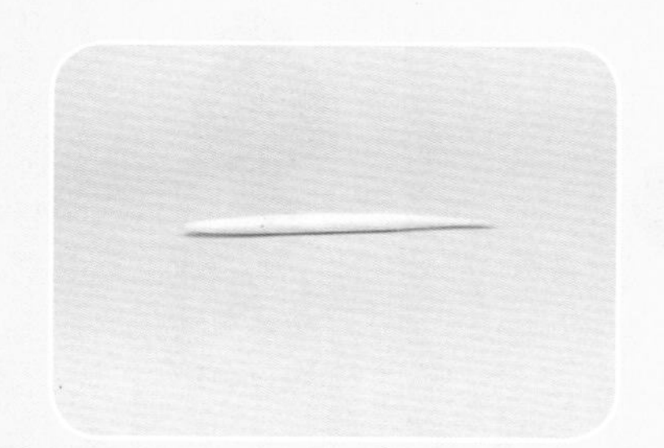

⑭ 搓一根一头尖的白色短黏土条，做拂尘马尾。

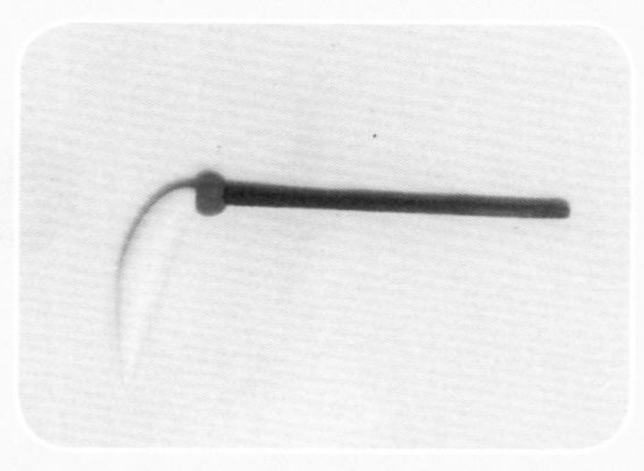

⑮ 将拂尘马尾和拂尘杆粘贴，注意马尾和杆呈 90 度角。

⑯ 将做好的拂尘固定在右手。完工啦！

13 史湘云

几缕飞云，
一湾逝水。

石头 · 头部

① 取大量锡箔纸，将锡箔纸揉捏成石头的形状。

② 在锡箔纸的外面包裹黑色黏土，并用刀形工具调整石头的造型，再放在一边待干。

③ 在石头的表面刷上一层白色的水彩颜料，放置一旁待干。

④ 在石头的底部薄薄地刷上一层绿色颜料，制作石头上的青苔。

⑤ 揉一个肤色黏土球用手指稍稍压扁。

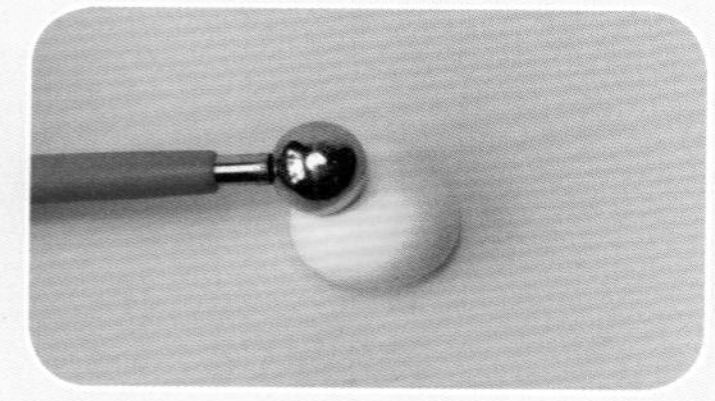

⑥ 用圆头工具在黏土球中间偏上的位置压出眼窝。

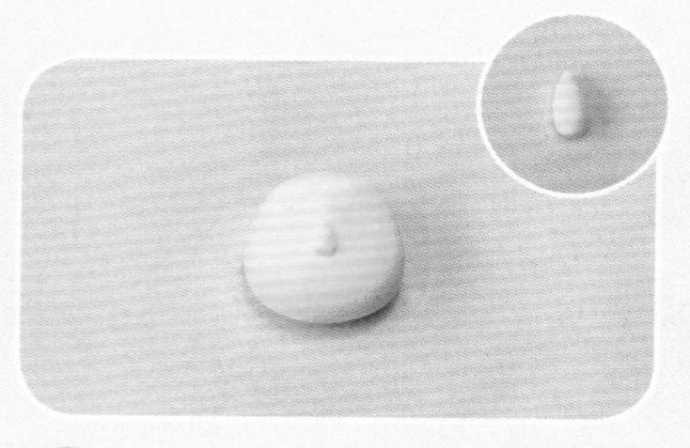

⑦ 搓一个肤色水滴状黏土做鼻子，将鼻子粘贴在脸部的中间。

⑧ 揉一个肤色黏土球，并轻压成圆片。

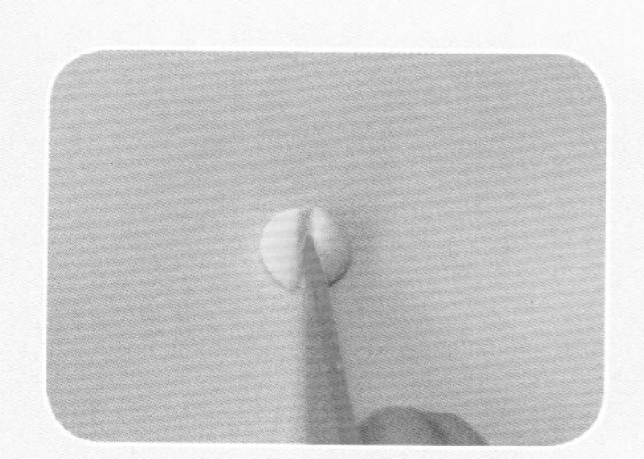

⑨ 用刀形工具将黏土片从中间切成两个半圆形片。

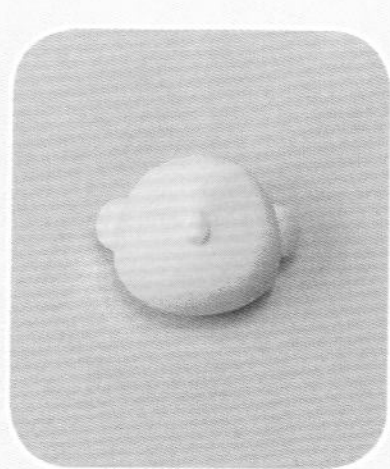

⑩ 把半圆形片粘贴在头的两侧，做耳朵。用圆头工具在耳朵上轻压，做耳朵的轮廓。

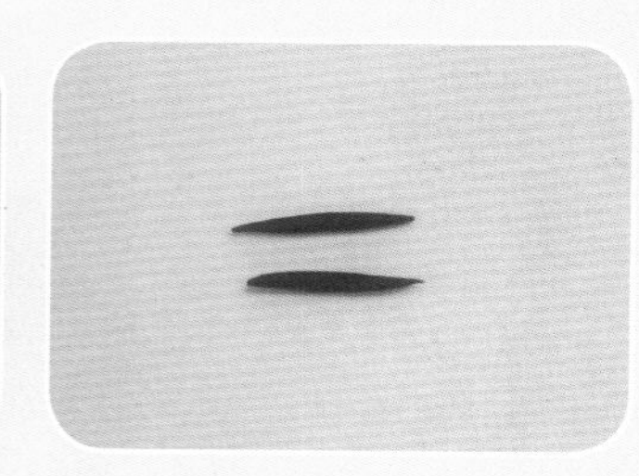

⑪ 取少许黑色黏土，搓两根梭形眉毛。

⑫ 将做好的眉毛粘贴在眉弓处。

头 部

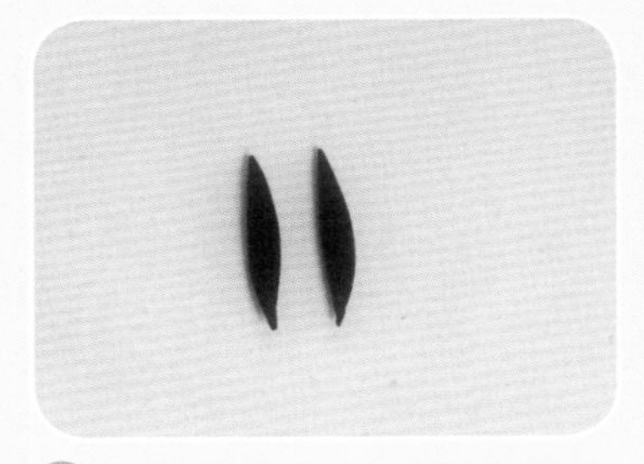

13 取少许黑色黏土，搓两根比眉毛粗的梭形黏土条做眼睛。

14 将做好的眼睛弯成月牙状，粘贴在眼窝处做眼睛。

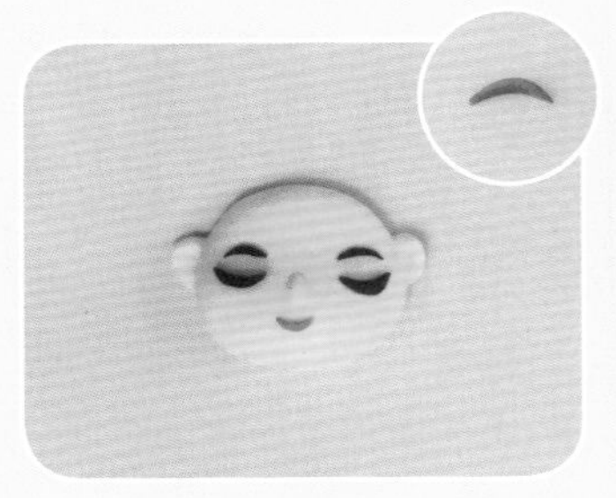

15 取少许红色黏土，做成月牙状嘴巴。将做好的嘴巴粘贴在鼻子下方。

16 取黑色黏土，轻压成稍厚的黏土片。

17 将黏土片包裹住在后脑勺处，并用刀形工具在头发上划出发丝的纹理。

18 搓两根两头尖的黑色细黏土条，做鬓发。

19 将做好的鬓发粘贴在两鬓。

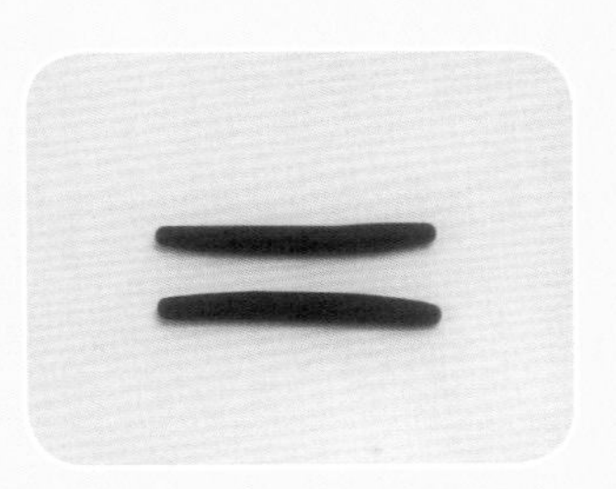

20 搓两根黑色黏土条。

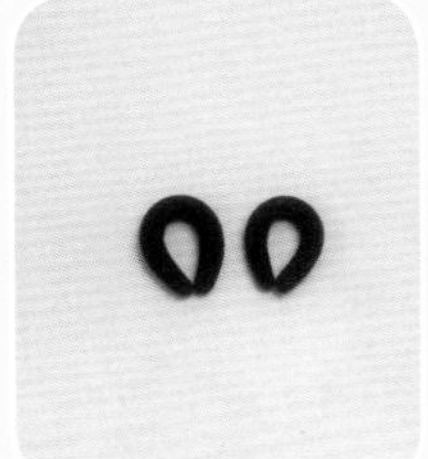

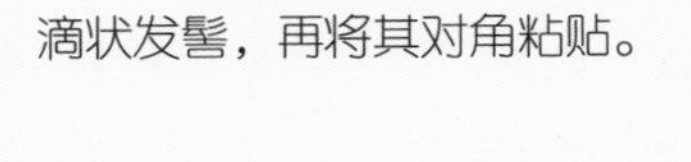

21 将黏土条两头分别粘贴，做两个水滴状发髻，再将其对角粘贴。

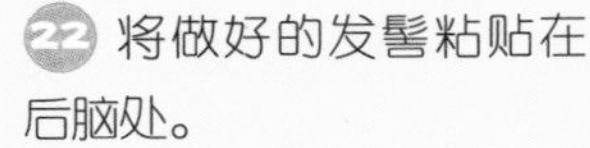

22 将做好的发髻粘贴在后脑处。

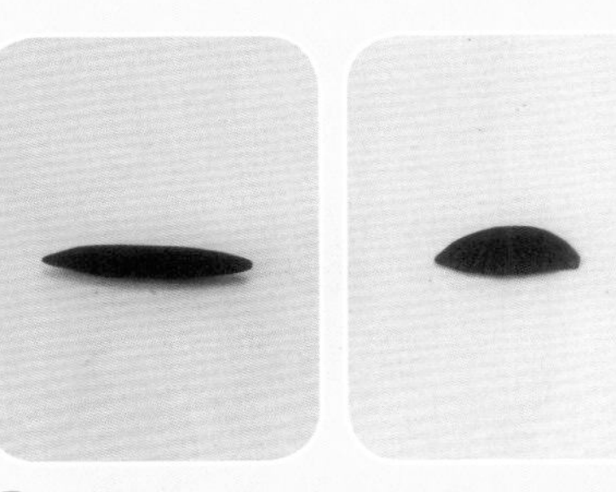

23 取黑色梭形黏土条轻压成片，用刀形工具在黏土片上划出发丝，做刘海。

24 将做好的刘海粘贴在额前。

身 体

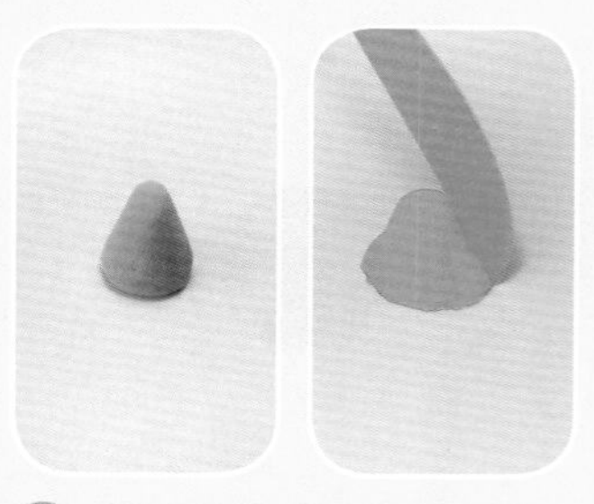

① 取橙色黏土捏成锥形，用刀形工具的刀背在锥形表面划出竖条纹理，做成裙摆衣褶。

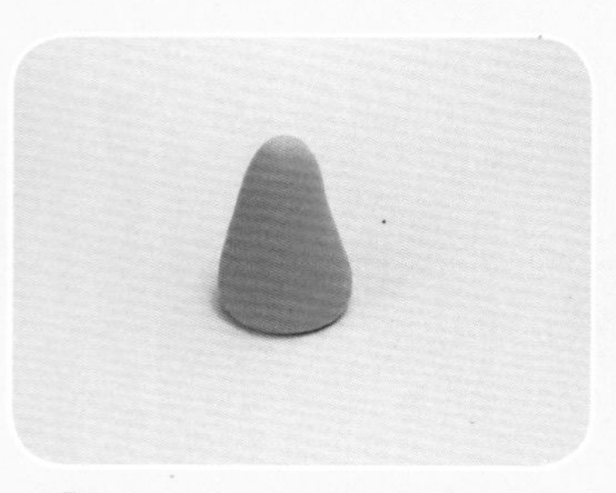

② 取桃红色黏土捏成锥形。

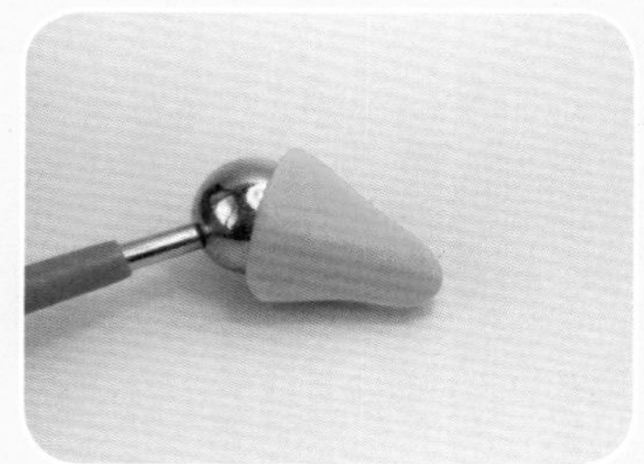

③ 用圆头工具在锥形底部压出凹陷，做上衣。

④ 将做好的上衣和裙子粘贴。

⑤ 将做好的身体斜靠在石台边沿，并适当调整裙摆造型。（注意身体与石头不要粘贴）

⑥ 揉一个紫色黏土球，粘贴在裙摆底端，做鞋子。

⑦ 揉一个橙色黏土球，粘贴在身体的顶端。

⑧ 用圆头工具压出凹陷，做衣领，并用刀形工具在衣领处向下划开，适当调整衣领造型。

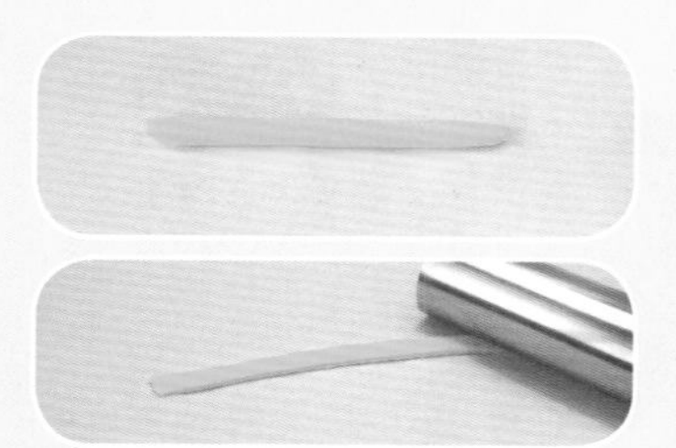

⑨ 搓一根粉色黏土条，用擀泥棒压成长条形黏土片。

⑩ 将长条形黏土片围着脖领粘贴一圈，做成外衣交领。

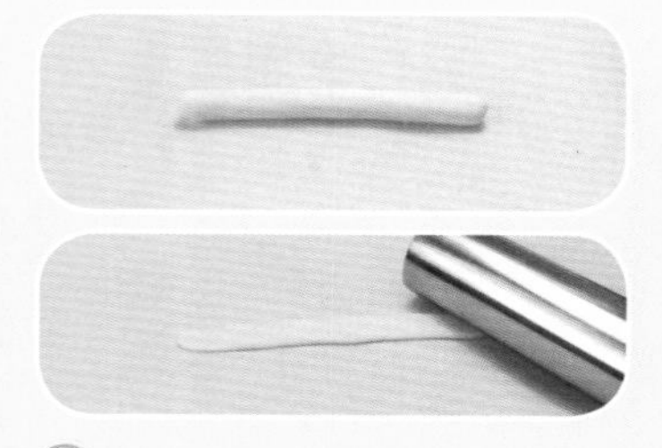

⑪ 搓一根白色黏土条，并用擀泥棒压扁成长条形黏土片。

⑫ 将白色长条黏土片围着上衣中部粘贴一圈，做绦带。

身 体

⑬揉一个肤色黏土球做脖子。

⑭ 搓两根桃红色水滴状黏土条。

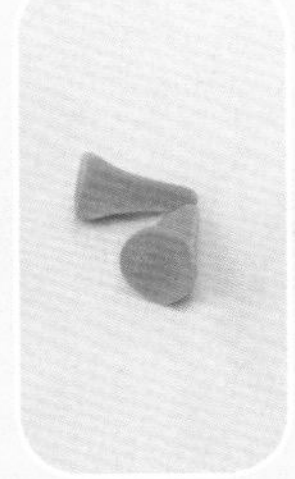

⑮ 用圆头工具在黏土条底部压出凹陷，做手臂。

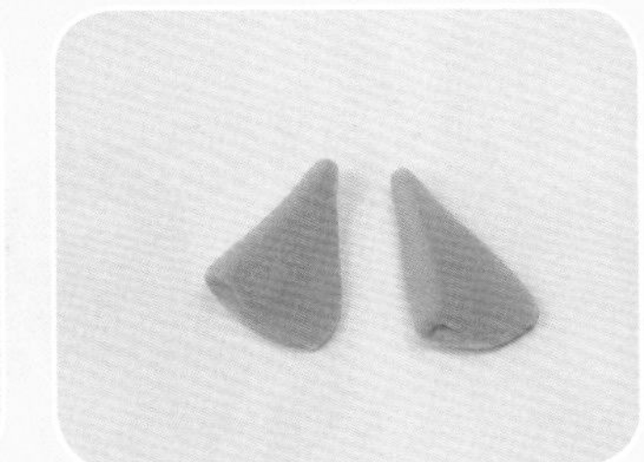

⑯ 将手臂的一端压扁做袖摆。

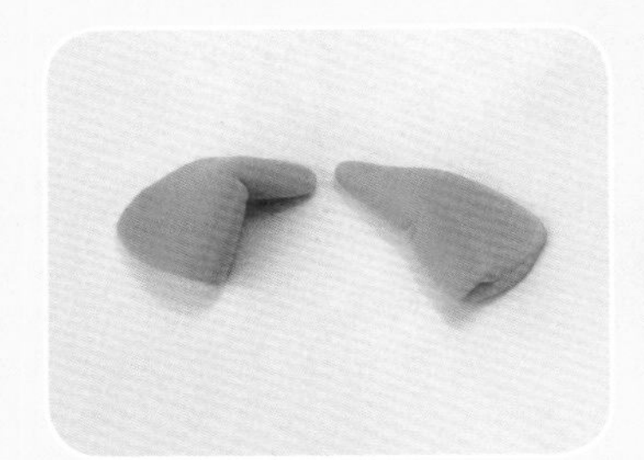

⑰ 将手臂弯折并调整角度。

⑱ 将手臂粘贴在身体两侧，调整角度。

组 合

① 取一段铁丝，插入脖子，并留出一段用于固定头部。

② 揉两个大小相同的黏土球，粘贴在袖口处做手。

③ 将做好的头部固定到脖子上，并适当调整角度。

④ 揉五个红色小黏土球，并组合成花的形状。

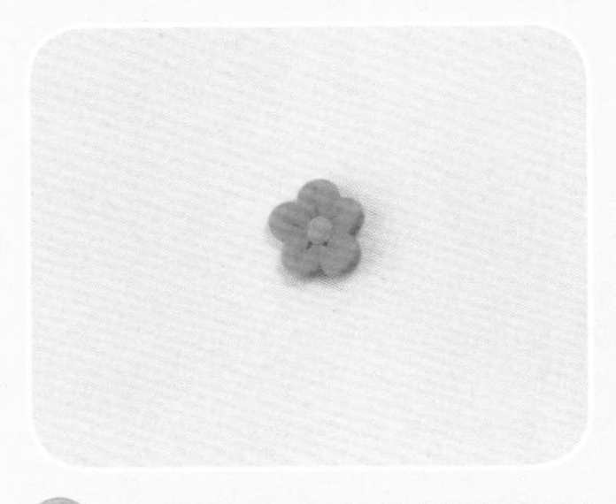

⑤ 用刀形工具在花瓣表面划出纹理，并将桃红色黏土球粘贴在花的中间做花蕊。多做几朵。

⑥ 将做好的花粘贴在头上，做发饰。

组 合

⑦ 揉两个粉色黏土球压扁后粘贴在脸颊两侧，做腮红。

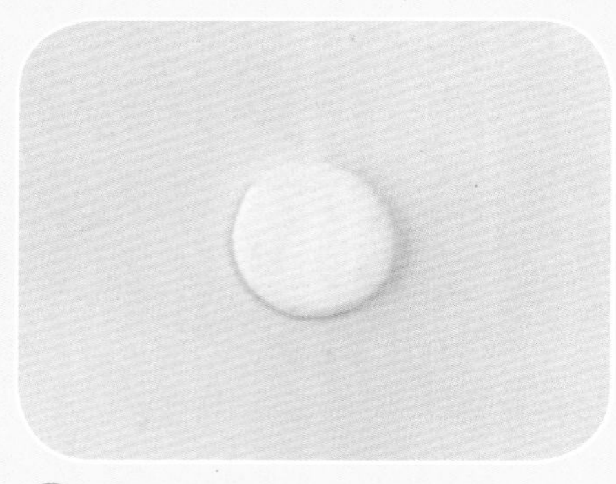

⑧ 准备白色黏土片做团扇的扇面。

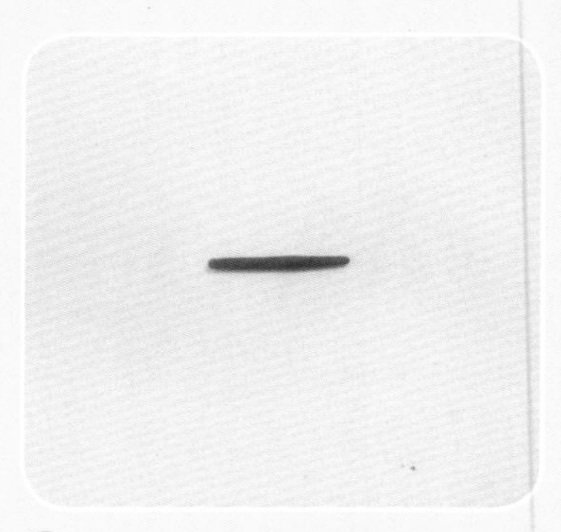

⑨ 将褐色黏土条做团扇的扇柄。

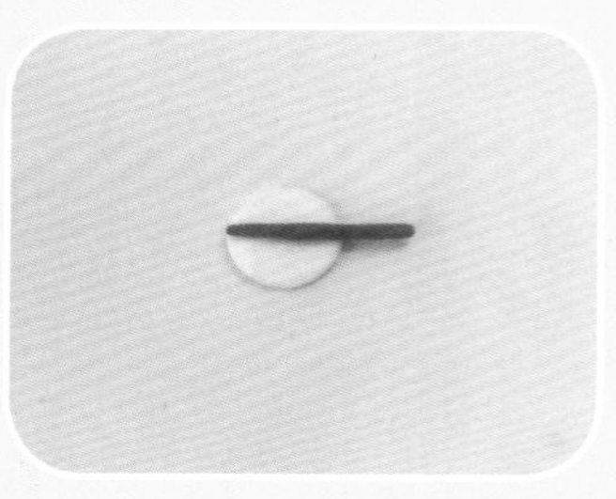

⑩ 将做好的扇面和扇柄粘贴起来。

⑪ 将做好的团扇粘贴在裙摆的一边。

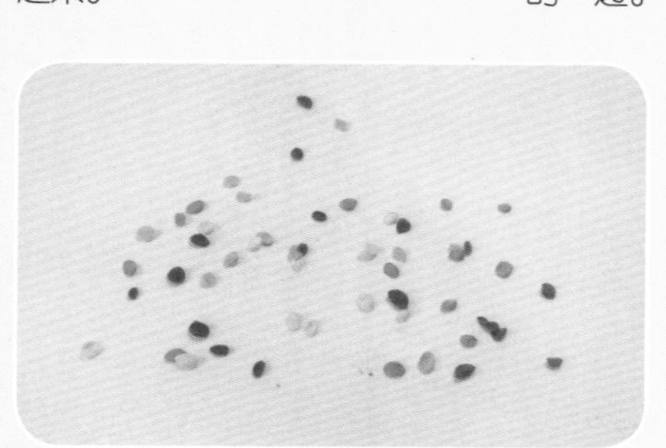

⑫ 取不同颜色的黏土，揉成大小不同的黏土球后压扁，做花瓣。

⑬ 将这些花瓣撒在横卧的人物身上及身边。史湘云就做好啦！

图书在版编目（CIP）数据

黏土·指尖上的《红楼梦》/ 铁艳红著．—杭州：浙江古籍出版社，2022.6

ISBN 978-7-5540-1976-4

Ⅰ．①黏… Ⅱ．①铁… Ⅲ．①粘土—玩偶—手工艺品—制作 Ⅳ．① TS973.5

中国版本图书馆 CIP 数据核字（2021）第 026522 号

黏土·指尖上的《红楼梦》

铁艳红　著

出版发行　浙江古籍出版社
（杭州市体育场路 347 号）
网　　址　https://zjgj.zjcbcm.com
责任编辑　刘成军
文字编辑　张靓松
责任校对　张顺洁
美术设计　吴思璐
责任印务　楼浩凯
照　　排　杭州兴邦电子印务有限公司
印　　刷　浙江新华印刷技术有限公司
开　　本　889mm × 1000mm　1/20
印　　张　5.2
字　　数　100 千字
版　　次　2022 年 6 月第 1 版
印　　次　2022 年 6 月第 1 次印刷
书　　号　ISBN 978-7-5540-1976-4
定　　价　45.00 元